创新型人才培养“十三五”规划教材

图像识别与项目实践
——VC++、MATLAB 技术实现
（第 2 版）

杨淑莹　陈胜勇　著

電子工業出版社
Publishing House of Electronics Industry
北京·BEIJING

内 容 简 介

本书是有关数字图像处理应用项目开发与实践指导类的教材，主要介绍数字图像处理应用项目开发的基本流程、图像识别处理应用项目关键技术。本书直击当今研究热点，选择有代表性的专题项目，详细介绍手写数字识别、邮政编码识别、汽车牌照号码识别、印刷体汉字识别、一维条形码识别、人脸识别、虹膜识别、指纹识别 8 个应用项目的实现方法。同时，针对每一个项目，本书都详细介绍了项目的应用及意义，以及该项目的数据特征分析、识别系统设计、图像预处理技术、特征提取技术和识别方法等。书中实例程序的框架结构简单，代码简洁，读者可在数字图像处理技术的基础上进一步深化学习内容，提高实践应用能力和项目开发能力。

本书可作为高等院校计算机工程、信息工程、生物医学工程、智能机器人学、工业自动化、数字图像处理、模式识别及相关学科的教材或参考书，也可供有关工程技术人员参考。

图书在版编目（CIP）数据

图像识别与项目实践：VC++、MATLAB 技术实现/杨淑莹，陈胜勇著. —2 版. —北京：电子工业出版社，2019.12
创新型人才培养“十三五”规划教材
ISBN 978-7-121-35864-7

Ⅰ. ①图… Ⅱ. ①杨… ②陈… Ⅲ. ①数字图象处理－C 语言－程序设计－高等学校－教材②数字图象处理－Matlab 软件－高等学校－教材 Ⅳ. ①TN911.73②TP312.8

中国版本图书馆 CIP 数据核字（2018）第 292335 号

责任编辑：牛平月
印　　刷：山东华立印务有限公司
装　　订：山东华立印务有限公司
出版发行：电子工业出版社
　　　　　北京市海淀区万寿路 173 信箱　邮编 100036
开　　本：787×1 092　1/16　印张：15.25　字数：390.4 千字
版　　次：2014 年 5 月第 1 版
　　　　　2019 年 12 月第 2 版
印　　次：2021 年 3 月第 3 次印刷
定　　价：68.00 元

凡所购买电子工业出版社图书有缺损问题，请向购买书店调换。若书店售缺，请与本社发行部联系，联系及邮购电话：（010）88254888，88258888。

质量投诉请发邮件至 zlts@phei.com.cn，盗版侵权举报请发邮件至 dbqq@phei.com.cn。

本书咨询联系方式：（010）88254454，niupy@phei.com.cn。

前言

目前手写数字识别、邮政编码识别、汽车牌照号码识别、印刷体汉字识别、一维条形码识别、人脸识别、虹膜识别、指纹识别等，已经广泛应用于人们的日常生活中，对经济、军事、文化及人们的日常生活产生重大影响，推动国民经济、国防建设、社会治安等方面的发展，对整个社会都产生了深远的影响。

学习者在掌握数字图像处理基本技术后，若不进行项目实践，会带来如下问题：

（1）实践能力欠缺。传统教材以理论介绍为主，强调理论的体系和概念，忽视技术之间的相互联系和灵活应用，对理论的理解仅限于表面认识，很难看到理论的实际应用效果，更谈不上创新应用。

（2）不能胜任高端业务。在学习过程中，仅仅掌握数字图像处理的基本技术往往是不够的。人们会发现虽然图像处理技术容易理解，但面临实际问题时往往会不知所措，不知从何下手，因此不能胜任高端业务。

（3）人才培养和市场需求之间脱节。目前市场上对人才的需求越来越倾向于具有实践能力和项目开发经验的人，而在这方面非常欠缺实践性教材以对图像处理的应用进行引导。

编写专题项目案例开发实践类教材的难度高，工作量大，需要大量的实践积累、丰富的图像处理经验、极高的编程技巧，目前缺少与数字图像处理课程配套的实践型教材。

本书是数字图像处理方面的教材，精选数字图像处理领域的应用实例，这些项目是当今研究的热点，具有一定的代表性。书中涉及的专题项目从手写数字识别、邮政编码识别、汽车牌照号码识别、印刷体汉字识别、一维条形码识别到人脸识别、指纹识别、虹膜识别等，项目难度由简单到复杂，逐渐递进，增加深度。书中所涉及的理论知识和应用技术具有广泛的应用前景，可增强学习者图像处理的高级应用能力，让他们能够学以致用，增强教材的实用性，解决学习者不能胜任高端业务的难题。

所选项目是笔者多年科研探索的总结，书中介绍了每个项目的研究意义、背景和要求，以及项目所涉及的数据特征，项目开发流程，关键技术的理论基础、实现步骤和编程代码。通过对本书的学习，一方面有利于学习者扩展视野，并对所学知识进行补充，了解项目的实现思路和方法，体会短小精悍的核心代码，掌握项目开发技术，为本领域的研究打下坚实的基础；另一方面有助于提高项目经验，为解决工作中遇到的难题提供良好的借鉴，提高分析问题和解决问题的能力，增强实践能力和项目开发经验，解决人才培养和市场需求之间的脱节问题。

本书得到天津理工大学出版基金的赞助，正是在它们的帮助下本书才得以顺利完成，笔者表示衷心的感谢。最后笔者对本书中所引论文和参考书籍的作者表示感谢。

由于笔者水平有限，书中难免会有缺陷和不足之处，敬请广大读者批评和指正！

杨淑莹

2019 年 5 月于天津

目录

第1章 图像识别概述

1.1 图像识别意义

图像是指物体的描述信息，数字图像是一个物体的数字表示。视觉是人类感知外部世界最重要的手段，据统计，在人类获取的信息中，视觉信息占 60%，而图像正是人类获取信息的主要途径。因此，和视觉紧密相关的数字图像处理技术的项目开发越来越受到人们的关注，逐渐形成了数字图像识别技术。

随着数字图像处理技术的发展和实际应用的需求，许多问题不要求其输出结果是一幅完整图像本身，而是将经过一定处理后的图像再分割和描述，提取有效的特征，进而加以判决分类，这种技术就是图像的模式识别。

图像识别技术是利用计算机视觉采集物理对象，以图像数据为基础，让机器模仿人类视觉，自动完成某些信息的处理功能，达到人类所具有的对视觉采集图像进行识别的能力，以代替人去完成图像分类及辨识的任务。对图像识别来说，面对的是二维数据信号或平面图形，去掉与它们各不相同的物理内容，考虑对样品数据分类这一共性来进行研究，把同一种共性者归为一类，另一种共性归为另一类。要求在最小的错误概率条件下，使识别的结果尽量与客观物体相符合，具备人所具有的对各种事物与现象进行分析、描述与判断的能力。

图像的识别属于当代计算机科学研究的重要领域，已经发展成为一门独立的学科。这一学科在近几年里，发展十分迅速，应用范围相当广泛，几乎遍及各个领域，从宇航领域扩展到生物医学、信息科学、资源环境科学、天文学、物理学、工业、农业、国防、教育、艺术等多个领域与行业，在国民经济、国防建设、社会治安和社会发展等方面得到广泛应用，对整个社会都产生了深远的影响。目前，光学字符识别（如手写数字识别、邮政编码识别、汽车牌照号码识别、印刷体汉字识别、一维条形码识别等），以及生物特征识别（如人脸识别、指纹识别、虹膜识别等）已经在人们的日常生活中得到广泛应用，对经济、军事、文化及人们的日常生活产生重大的影响。

1. 光学字符识别（Optical Character Recognition，OCR）

光学字符识别使用 OCR 读取设备和智能视觉系统软件，可识别同时被机器和肉眼读取的文本。OCR 所使用的输入设备可以是任何一种图像采集设备，如 CCD、扫描仪、数字相机等。通过使用这类采集设备，OCR 系统可将书写者写好的文字作为图像输入计算机中，然后由计算机去识别。光学字符识别技术已经广泛应用于各种商业应用，现在又开始运用到自动化系统中。字符识别处理的信息可分为 3 大类：文字信息识别、数据信息识别和条形码识别。

（1）文字信息识别可对各民族文字书写的或印刷的文本信息进行识别，如汉字识别，目前已趋向成熟，并推出了很多应用系统。

（2）数据信息识别可对阿拉伯数字和少量特殊符号组成的各种编号与统计数据进行识别，如邮政编码、汽车牌照号码、统计报表、财务报表、银行票据等，处理这类信息的核心就是数字识别。常见的应用包括对邮局邮件分拣，汽车牌照号码读取，通行证处理，安全文件处理（支票、财务文件、账单），消费品包装（单号、批号、有效期）及临床应用等。

（3）条形码识别可对由一组按特定编码规则排列的宽度不等的多个黑条和空白组成的信息进行识别。根据条形码的维度，通常将条形码分类为一维条形码和二维条形码。条形码具有成本低、扫描速度快、识别可靠性高等优点，同时为了克服条形码不能被人工识别的缺点，又在条形码下面印上了相应的数字和字符，具有条形码识别和光学字符识别的双重形式。条形码可以标出商品的生产国、制造厂家、商品名称、生产日期、图书分类号、邮件起止地点、类别、日期等许多信息，因而在商品流通、图书管理、邮政管理、银行系统等许多领域都得到广泛的应用。

2. 生物特征识别

生物特征识别就是采用某种技术和手段对人的身份进行标识，从而依据该标识对人进行身份识别，以达到监督、管理和控制的目的的一种技术。用于身份识别和个人信息管理的技术和手段层出不穷，传统的身份鉴定方法包括个人持证，如身份证、工作证、学生证、磁卡、智能卡、口令密码等，这些身份验证方法普遍存在易丢失、易破解、易伪造、不易携带等缺点，而且在安全性和鉴定速度方面也已经不能满足人们的要求，这些技术虽然方便、快捷，但其致命的缺点是安全性差、易伪造、易窃取等。近年来，计算机技术的广泛应用使得使用生物特征识别进行身份识别成为可能。

生物特征识别的方法越来越多地被应用于身份识别领域。生物识别技术（Biometric Identification Technology）是指以人体的固有特征为判别标准，达到精确鉴定人身份的技术。这些固有特征包括人脸、虹膜、指纹、掌纹等，也称为生物模态。这些特征除受到外伤等特殊情况外，一般会伴随人的一生，而不会改变或者改变很小。生物识别技术对每个个体都具有随身携带性和持久性，对不同个体具有普遍性和唯一性等优于传统身份识别的特点。基于人类生物特征的识别技术具有安全可靠、特征唯一、不易伪造、不可窃取等优点。

结合计算机技术，发展起来了众多的基于人类生物特征的身份识别技术，如人脸识别技术、指纹识别技术、虹膜识别技术。这些识别技术具有特征录入较为方便、信息丰富、适用范围广等优点，因此有着广阔的应用前景。

（1）人脸识别主要通过分析人脸特征进行识别，也是人们最早使用的生物特征识别技术之一，是一种比较直观、友好、更容易被人接受的识别方式。在实际应用中，人脸识别易于使用，无须使用者主动参与，尤其适于视频监控等应用。但人脸识别的缺点在于稳定性较差，很容易受周围环境、饰物、年龄、表情等干扰，造成错误的识别。另外，对双/多胞胎的鉴别仍然无能为力。

（2）虹膜识别主要基于虹膜的生理结构，利用虹膜中存在的细丝、斑点、凹点、射线、皱纹和条纹等特征进行识别。据称，没有两个虹膜是一样的。虹膜身份认证的可靠性高，其错误接受率和错误拒绝率很低。

（3）指纹识别主要通过分析指纹的全局特征和局部特征进行识别，常用的特征有指纹中的嵴、谷、终点、分叉点和分歧点等。随着指纹识别技术的发展及指纹采集设备价格的降低，指纹识别不仅广泛应用于司法和商务活动中，也越来越多地在笔记本电脑、手机、存储器等终端设备中使用。但采集指纹时要求手指保持洁净和光滑，污垢或疤痕都会给识别带来困难，老年人和手工劳动者的指纹由于磨损严重也不易识别。另外，在实际采集中发现，由于在犯罪记录中常使用指纹，导致很多人害怕将指纹记录在案，从心理上不愿意接受这种识别方式。

生物特征识别可应用于社会生活的很多方面，帮助人们更快捷和更方便地解决潜在的安全问题。总结起来，生物特征识别可以在以下几个主要领域得到应用。

（1）职员或会员管理：内部授权管制、考勤、薪资计算、俱乐部会员确认。

（2）重要区域的门禁管制：军事基地、枪械库、核能设施、物料放置库房、计算机机房、政府办公室、保密资料室等。

（3）金融、证券、保险、社会福利机构的身份确认：如柜台提款、自动提款机、保险箱、金库、大额取款客户身份确认、公司提现确认、交易终端客户身份确认、远程交易身份确认、保险受益人等各种社会福利受益人身份确认等。

（4）个人财产使用管制：如移动电话、笔记本电脑、汽车等。

（5）门禁安全：包括社区人员进出及访客出入记录。

（6）社会安全：包括公民证照系统（身份证、暂住证、驾驶证等），海关出入境管理，刑侦罪犯查缉过滤，法律上罪犯认定等。

（7）信息安全：电子交易、网络安全、网上银行及电子商务的安全交易等。

（8）卫生保健：血液管理、公费医疗确认、个人医疗档案管理。

目前，无论是字符识别（如手写数字识别、邮政编码识别、汽车牌照号码识别、印刷体文字识别等），还是人类生物特征识别（如人脸识别、指纹识别、虹膜识别等）的项目开发技术，它们涉及数字图像处理、模式识别、人工智能、智能计算等多个学科领域。随着高科技的发展，这些项目应用已经成为衡量当代高科技水平的重要手段之一。

1.2 图像识别技术

图像识别技术是数字图像处理和模式识别技术相结合的产物，是一门新兴的应用学科。数字图像处理则是指利用计算机或其他数字设备对图像信息进行各种加工和处理，以满足目标识别需求的基础行为。模式识别研究如何用机器来实现人（及某些动物）对事物的学习、识别和判断能力，因而是以满足目标识别的判断行为。在实际应用中需要将这两个学科技术结合起来，相辅相成、相互促进和发展。

为了模拟人类识别图像活动，人们提出了不同的图像识别模型。例如，模板匹配模型，这种模型认为，识别图像中的某个物体，必须在过去的经验中有这个图像对物体的记忆模式，又叫作模板，当前的刺激如果能与大脑中的模板相匹配，这个物体也就被识别了。

图像识别的基本过程是抽取代表未知样本模式的本质表达形式（如各种特征），和预先存储在机器中的标准模式表达形式的集合（称为字典）逐一匹配，用一定的准则进行判别，在机器存储的标准模式表达形式的集合中，找出最接近输入样本子模式的表达形式，该表达模式对应的类别就是识别结果。因此，图像识别技术是一种从大量信息和数据出发，在已有经验和认识的基础上，利用计算机和数学推理的方法自动完成图像中物体的识别和评价的过程。

这种采用模板匹配模型的方法就是模式识别。模式识别方法可以大致分为结构模式识别、统计模式识别及两者的结合。结构模式识别利用结构信息的方法进行识别，类似一个逻辑推理器，其主要优点在于适应性强，区分相似能力强。但是，在实际应用中，面临着抗干扰能力差、描述结构复杂、匹配过程的复杂度高等问题。在识别领域中，纯结构模式识别方法已经逐渐被淘汰。统计模式识别通过提取待识别模式的一组统计特征，然后按照一定准则所确定的决策函数进行分类判决。统计模式识别是将物体点阵看作一个整体，其所用的特征是从这个整体上经过大量的统计而得到的。统计特征的特点是抗干扰性强，匹配与分类的算法简单，易于实现。

结构模式识别与统计模式识别各有其优缺点，随着对于两种方法认识的深入研究，统计模式识别与结构模式识别这两种方法正在逐渐融合。网格化特征就是这种结合的产物，图像被均匀地或非均匀地划分为若干区域，称之为“网格”。在每一个网格内寻找各种特征，如笔画点与背景点的比例，交叉点和笔画端点的个数，细化后的笔画的长度、网格部分的笔画密度等。特征的统计以网格为单位，即使个别点的统计有误差也不会造成大的影响，从而增强了特征的抗干扰性。这种方法正得到日益广泛的应用。

图像识别可简单地分为两个过程：学习（训练）过程和识别过程。学习过程就是让计算机通过样本学习或训练，提取出每个已知类别的模式的特征并存储起来，作为标准特征库，即模板库。在识别过程中，计算机首先按学习过程中的特征提取方法，提取出输入模式的特征，然后与标准特征库中的特征进行匹配，匹配程度最大的模式类别即识别结果。学习过程是对样本进行特征选择，构建特征库，寻找分类的规律；识别过程是根据分类规律对未知样本集进行分类和识别。

图像识别过程包括图像采集、图像预处理、特征提取、模式匹配、识别结果 5 个环节。一个典型的识别过程如图 1-1 所示，下面简要论述其工作流程。

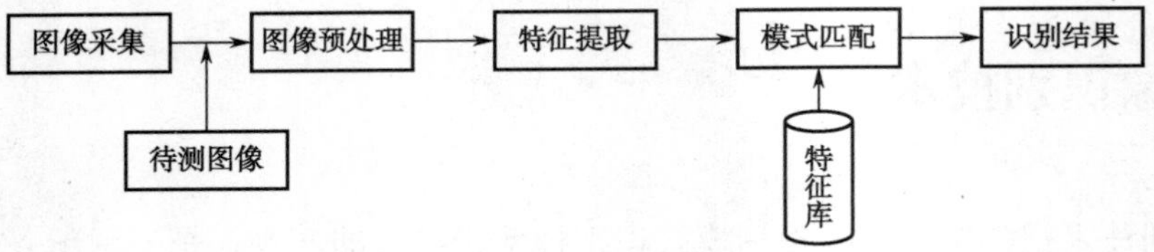

图 1-1　一个典型的识别过程

首先，通过高清摄像机、扫描仪或其他图像采集仪器采集图像的原始信息。在图像的采集过程中，由于设备的机械原因或是其他人为因素造成的图像的尺寸、角度、格式、光照度等的不同，会对以后的操作产生较大的影响，所以要对采集的原始图像进行图像预处理操作。图像预处理的作用可以总结为：采用某种手段将图像信息进行归一化，以便后续处理工作。特征提取部分的作用是提取出最能表征一个物体的特征信息，并将其转变成特征向量或矩阵的形式。模式匹配是指系统用待测图像的特征与特征库中的信息进行比对，通过选择合适的分类器以达到识别的目的。

1. 光学字符识别

如果需要计算机去认识这些已经成为文字的东西，就需要 OCR 技术。与联机字符识别相比，OCR 不要求书写者在特定输入设备上书写，它可以与平常一样书写，所以 OCR 的应用更为广泛。一个典型字符识别过程包括图像采集、图像预处理、字符特征提取和字符识别 4 个环节。

1）图像采集

OCR 所使用的输入设备可以是任何一种图像采集设备，如 CCD、扫描仪、数字相机等。通过使用这类采集设备，OCR 系统将书写者已写好的文字作为图像输入计算机中，然后由计算机去识别。由于 OCR 的输入只是简单的一幅图像，它就不能像联机输入那样比较容易地从物理特性上获得字符笔画的顺序信息，因此，OCR 是一个更具挑战性的问题。

2）图像预处理

图像预处理主要包括二值化、噪声去除、倾斜校正、版面分析、字符切割等操作。

（1）二值化：摄像头拍摄的图片大多数是彩色图像，彩色图像所含的信息量巨大，对于图片的内容，我们可以简单地分为前景与背景。为了让计算机更快和更好地识别文字，需要先对彩色图像进行处理，使图片只有前景信息与背景信息。可以简单地定义前景信息为黑色、背景信息为白色，这就是图像的二值化。

（2）噪声去除：对于不同的文档，对噪声的定义可以不同。根据噪声的特征进行去噪，就叫作噪声去除。

（3）倾斜校正：由于一般用户，在拍照文档时都比较随意，因此，拍照出来的图片不可避免地会产生倾斜，这就需要使用文字识别软件进行校正。

（4）版面分析：将文档图片分段落和分行的过程就叫作版面分析。由于实际文档的多样性和复杂性，因此目前还没有一个固定的和最优的切割模型。

（5）字符切割：由于拍照条件的限制，经常造成字符粘连和断笔，因此需要文字识别软件有字符切割的功能。

3）字符特征提取

由于文字笔画的粗细、断笔、粘连、旋转等因素的影响，极大地增加了特征提取的难度。

4）字符识别

采用模式识别方法进行字符识别，最常用的方法是模板匹配法。

2. 基于视觉的生物识别

基于视觉的生物识别系统利用视觉传感器采集生物图像，如人脸、指纹、虹膜、步态等，是一种根据人的生理特征或行为特征来识别人身份的模式识别系统。基于视觉的生物识别系统仍然包括图像采集、图像预处理、特征提取和身份识别 4 个环节。

1）图像采集

用于测定和量化生物特征。

2）图像预处理

负责对原始数据进行处理，包括图像增强、去背景、目标定位、分割、归一化等措施，为完成特征提取和模式匹配打下基础。

3）特征提取

如何有效地描述丰富的人体生物特征，并采用合适的方法来提取特征是生物识别的关键部分。

4）身份识别

决策部分则根据模式匹配的结果做出最终的判决，即确定使用者的身份。所采用的策略往往取决于系统在安全性和实用性等方面的要求。

1.3 图像识别开发基本流程

图像识别的过程主要包括数据特征分析、图像预处理、特征提取、模式识别 4 个主要过程。图像识别处理的基本流程如图 1-2 所示。

图 1-2　图像识别处理的基本流程

1）数据特征分析

不同的问题需要不同的处理手段。针对图像识别问题，在实际应用中，图像数据来源于不同的环境，提取的目标也大不相同，因而处理方法也不同，这就需要对采集的图像数据进行分析，找出去掉背景和突出目标的方法。因而无论什么问题，都需要尊重客观现实，具体问题具体分析。

首先需要对图像数据分析，要清楚地知道想要得到图像中的哪些目标数据。通过对数据源和目标数据的分析，然后决定采用哪些可行的手段进行预处理。以汉字识别为例，我们拿到的是一幅含有噪声的汉字图像，目标是提取出图像中的汉字信息，并对汉字进行识别。此时，通过对目标数据的分析，就可以开始对图像进行预处理。第一步要去除图像的背景，这里主要是使用灰度化和二值化的方法，去除背景后，图像上可能依旧残留一些孤立的噪声，这时需要用一些去噪的方法先将这些噪声去除。图像处理干净后，进行第二步。第二步将重点放在汉字定位上，此时就要考虑用什么方法能够对汉字进行精准的定位，只有定位准确了，才能更好地提取汉字特征，识别出这些汉字。

2）图像预处理

图像预处理是图像识别的重要组成部分，是对输入的图像进行特征抽取、分割及识别前所进行的操作。目的是消除图像中的无关信息，提取有用的信息，最大限度地简化需要的数据，从而增加特征抽取、图像分割和识别等后续处理步骤的可靠性。

从实际应用角度出发，采集的图像必然含有大量的背景噪声，还要受到光照、运动造成的物体模糊等现象的影响，因此，需要先进的图像预处理技术解决现实问题。在图像预处理过程中，不可能用某一种技术解决上述问题，往往需要一系列的处理过程，如灰度变换、几何校正、去噪和边缘检测等过程综合应用，突出图像中感兴趣的物体，衰减其不需要的背景。预处理后的输出图像并不需要去逼近原图像。

图像预处理技术就是在对图像进行正式处理前所做的一系列操作，因为图像在传输过程和存储过程中难免会受到某种程度的破坏和各种各样的噪声污染，从而导致图像丧失了本质或者偏离了人们的需求，这就需要一系列的预处理操作来消除图像受到的影响。

3）特征提取

特征提取的目的是从图像中提取出有利于识别目标物体的属性特征，如物体的颜色信息、物体的纹理信息、几何形状信息和空间关系信息等，为模式识别打下基础。特征提取的结果将直接影响模式识别的精度。

4）模式识别

模式识别是指对表征事物或现象的各种形式的（数值的、文字的和逻辑关系的）信息进行处理和分析，以对事物或现象进行描述、辨认、分类和解释的过程，是信息科学和人工智能的重要组成部分。模式识别又常称作模式分类，从处理问题的性质和解决问题的方法等角度考虑，可分为有监督学习和无监督学习两种方法。二者的主要差别在于，各实验样本所属的类别是否预先已知。一般来说，有监督学习的分类往往需要提供大量已知类别的样本。

一个完整的图像识别系统的大体过程为：首先，采集训练样本；然后，根据图像数据特点，选择合适的特征提取方法，达到提取特征的目的；最后，把提取的特征存储在特征库。在识别阶段，首先将待测图像进行与训练样本相同的处理，包括相同的预处理过程和相同的特征提取方法。当得到待测图像的特征后，选择合适的模式识别算法，将待测图像的特征与特征库中的训练样本特征进行匹配，最后输出识别结果。

模式识别研究主要集中在两方面：一是研究生物体（包括人）是如何感知对象的，属于认识科学的范畴；二是在给定的任务下，如何用计算机实现模式识别的理论和方法。前者是生理学家、心理学家和生物学生理学家的研究内容；后者通过数学家、信息学专家和计算机专家多年来的努力，已经取得了系统的研究成果。应用计算机对一组事件或过程进行辨识和分类，所识别的事件或过程可以是文字、声音和图像等具体对象，也可以是状态和程度等抽象对象。这些对象与数字形式的信息相区别，称为模式信息。模式识别所分类的类别数目由特定的识别问题决定。有时，在开始时无法得知实际的类别数，需要识别系统反复观测被识别对象后才能确定。

1.4 图像识别系统性能评价

大多数实际应用系统对图像处理的目标是达到实时识别，因此，考察各种计算机识别方法的性能也要从实用角度出发。由于计算机识别技术首先是一种分类技术，作为一个识别系统，要用某些参数来评价其性能的高低。正确识别率这个性能指标是研究识别算法的首要问题；另外，还要考虑计算机识别技术的实时性问题。同时，识别算法所设计的特征库对存储空间的要求，也对该技术的应用有一定的影响。

1）识别率与拒识率

在计算机识别问题中，和识别率相关的概念是正确识别率。若待识别图像属于库中的某一模式，识别系统正确识别出该模式，则这些识别出的图像总数占测试图像总数的百分比为正确识别率。

若待识别图像不属于模板库中的某一模式，而识别系统判断出不属于模板库的图像，则这些图像的总数占测试图像总数的百分比为拒识率。在计算机识别的实际应用中，需要给出拒识，即应设置拒识门限。而在通常的计算机识别方法的研究中，大多数的识别系统都没给出拒识，将拒识门限设为无穷大，即给定一待识别样本，在已知模板库中找到和该样本最相近的样本，而不考虑该样本是否应该是模板库中的已知样本。

这两种情况均为正确识别，识别率由这两部分构成。对一个识别系统，可以用 3 方面的指标表征系统的性能。

（1）正确识别率：A=正确识别样本数/全部样本数×100%。

（2）误识率：S=误识样本数/全部样本数×100%。

（3）拒识率：R=拒识样本数/全部样本数×100%。

三者的关系是：$A+S+R=100\%$。

在应用中，人们往往很关心的一个指标是“识别精度”，即在所有识别的样本中，除去拒识样本，正确识别的比例有多大，我们定义识别精度为：

$$P=A/(A+S)\times 100\%$$

一个理想的系统应是 R、S 尽量小，而 P、A 尽可能大。而在一个实际系统中，S、R 是相互制约的，拒识率 R 的提高总伴随着误识率 S 的下降。与此同时，也伴随着识别率 A 和识别精度 P 的提高。因此，在评价识别系统时，必须综合考虑这几个指标。另外，由于识别图像背景和清晰程度可以有相当大的差别，因此，必须弄清所测指标是在怎样的样本集合下获得的。任何识别系统需要从以下两方面改进：一是进一步提高识别率，二是提高实时性。需要对各个环节采用的算法进行进一步的分析、比较和优化。由于计算机识别技术是不断发展的，而各种识别算法的实验条件都有所不同，具有不同的库和不同的训练样本数，因此，通常情况下不能给出所有计算机识别算法的性能比较。

2）计算时间

由于计算机识别技术在实际应用时对实时性的要求比较高，因此计算时间是计算机识别技术中的一个重要指标。计算时间主要有两方面：一是设计阶段，识别系统训练所需要的时间；另一个是识别阶段，识别系统识别需要的时间。通常情况下，由于识别系统的训练为离线训练，因此，在识别系统设计阶段，需要的训练时间可以不考虑，但识别时间却相当重要，它直接影响识别系统的实时性，对识别系统是否可以应用于实践中起着决定性作用。

3）数据存储量

在计算机识别系统中，模板库的存储也是个不能不考虑的问题。例如，人脸识别方法需要存储每幅已知的人脸图像，所需存储空间都是很大的。存储大量的模板数据，将会给识别系统造成一定的负担。因此，在开展计算机识别算法研究时，有时也要考虑数据存储量的大小。

4）可扩展性

在计算机识别系统的实际应用中，往往需要不断地对已知模板库进行修改，如删除或添加某些样本，因此，对于已知模板库的动态维护，维护方法相对简单也是在研究识别技术中要考虑的一个问题。

总之，一个完整的图像识别系统的大体过程为：首先，采集训练样本；然后，根据图像数据特点，选择合适的特征提取方法，达到提取特征的目的；最后，把提取的特征保存为特征库。在识别阶段，首先将待测图像进行与训练样本相同的处理，包括相同的图像预处理过程和相同的特征提取方法。当得到待测图像的特征后，选择合适的模式识别算法，将待测图像的特征与特征库中的训练样本特征进行匹配，最后输出识别结果。从实用角度出发考虑各种计算机识别方法的性能，包括识别率、拒识率、识别精度、计算时间和特征库对存储空间的要求等问题，需要对各个环节采用的算法进一步分析、比较和优化，需要对识别系统反复观测。

本书介绍几个在人们的日常生活中常用的图像识别项目开发示例，目的是抛砖引玉，为读者开发此类项目打下基础。从手写数字识别、邮政编码识别、汽车牌照号码识别、印刷体汉字识别、一维条形码识别、人脸识别、指纹识别和虹膜识别等，这些项目具有重要的应用价值，已经应用到人类社会的各个领域，深深地影响着人类社会的生活。作者多年的研究实践表明，完成一幅图像的识别过程一般要经过许多不同的处理过程，图像识别正是这些综合应用的结果。至今没有一个通用的方法来指导这些过程在完成特定任务时应该如何组织和搭配。现有的各种图像识别算法都或多或少地带有一定的局限性，在一种环境下效果很好的算法换一种环境就有可能很糟，一些有一定通用型的效果很好的算法往往计算量很大，难以实时应用。本书实现的系统距离实际应用还有许多改进的空间。研究工作者应该一方面把新的知识运用到图像处理和模式识别中，另一方面应将多种技术方法进行综合使用，努力向着更为成熟并能满足实际应用的方向研究探索。

1.5 特征提取

特征提取是计算机视觉和图像处理中的一个概念，它指的是使用计算机提取图像信息，决定每个图像的点是否属于一个图像特征。特征提取的结果是把图像上的点分为不同的子集，这些子集往往属于孤立的点、连续的曲线或者连续的区域。至今为止，特征没有万能的和精确的图像特征定义。特征的精确定义往往由问题或者应用类型决定。特征是一个数字图像中“有趣”的部分，它是许多计算机图像分析算法的起点，一个算法是否成功往往由它使用和定义的特征决定。特征提取最重要的一个特性是“可重复性”：同一场景的不同图像所提取的特征应该是相同的。特征提取是图像处理中的一个高级运算，也就是说它是对一个图像进行的最后运算处理，它检查每个像素来确定该像素是否代表一个特征。

在实际的应用中，信息采集的对象多数是多特征、高噪声、非线性的数据集。人们只能尽量多列一些可能有影响的因素，在样本数不是很多的情况下，用很多特征进行分类器设计，无论从计算的复杂程度还是分类器性能来看都是不适宜的。因此，研究如何把高维特征空间压缩到低维特征空间就成为了一个重要的课题。任何识别过程的第一步，不论是用计算机还是由人去识别，都要首先分析各种特征的有效性并选出最具有代表性的特征。人们通常利用物理和结构特征来识别对象，而机器在抽取数学特征的能力方面则比人强得多。这种数学特征的例子有统计平均值、相关系数和协方差阵等。

减少特征数目的方法有两种：一种是特征选择，另一种是特征变换。特征选择和提取的基本任务是如何从众多特征中找出最有效的特征。根据待识别的图像，通过计算产生一组原始特征，称为特征形成。

1）*特征选择*

原始特征的数量很大，或者说原始样本处于一个高维空间中，从一组特征中挑选出一些最有效的特征以达到降低特征空间维数的目的，这个过程就叫作特征选择。也就是说，将对类别可分离性无贡献或贡献不大的特征简单地忽略掉。特征选择是图像识别中的一个关键问题。

2）*特征变换*

通过映射或变换的方法可以将高维空间中的特征描述用低维空间的特征来描述，这个过程就叫作特征变换。通过特征变换获得的特征是原始特征集的某种组合，新的特征中包含了原有全体特征的信息。主成分分析法是最常用的特征变换方法。

特征的选择与提取是非常重要的，特征选择是模式识别中的一个关键问题。由于在很多实际问题中常常不容易找到那些最重要的特征，或受条件限制不能对它们进行测量，这就使特征选择和提取的任务复杂化，从而成为构造模式识别系统最困难的任务之一。这个问题已经越来越受到人们的重视。特征选择和提取的基本任务是如何从许多特征中找出那些最有效的特征。解决特征选择和特征提取问题，最核心的内容就是如何对现有特征进行评估，以及如何通过现有特征产生更好的特征。

常见的图像特征提取与描述方法有颜色特征、纹理特征和形状特征提取与描述方法。

1.5.1 基于颜色的特征提取

颜色特征是一种全局特征，描述了图像或图像区域所对应的景物的表面性质。一般颜色特征是基于像素点的特征，此时所有属于图像或图像区域的像素都有各自的贡献。由于颜色对图像或图像区域的方向和大小等变化不敏感，所以颜色特征不能很好地捕捉图像中对象的局部特征。另外，仅使用颜色特征查询时，如果数据库很大，常会将许多不需要的图像也检索出来。颜色直方图是最常用的表达颜色特征的方法，其优点是不受图像旋转和平移变化的影响，借助归一化还可不受图像尺度变化的影响，其缺点是没有表达出颜色空间分布的信息。

下面介绍常用的基于颜色的特征提取方法。

1）*颜色直方图*

最常用的颜色空间为RGB颜色空间和HSV颜色空间。

颜色直方图的优点在于它能简单描述一幅图像中颜色的全局分布，即不同色彩在整幅图像中所占的比例，特别适用于描述那些难以自动分割的图像和不需要考虑物体空间位置的图像。其缺点在于它无法描述图像中颜色的局部分布及每种色彩所处的空间位置，即无法描述图像中某一具体的对象或物体。

2）颜色集

颜色直方图法是一种全局颜色特征提取与匹配方法，但无法区分局部颜色信息。颜色集是对颜色直方图的一种近似，首先将图像从 RGB 颜色空间转化成视觉均衡的颜色空间（如 HSV 空间），并将颜色空间量化成若干个柄；然后用色彩自动分割技术将图像分为若干区域，每个区域用量化颜色空间的某个颜色分量来索引，从而将图像表达为一个二进制的颜色索引集。在图像匹配中，比较不同图像颜色集之间的距离和色彩区域的空间关系。

3）颜色矩

颜色矩这种方法的数学基础在于图像中任何的颜色分布均都可以用它的矩来表示。此外，由于颜色分布信息主要集中在低阶矩中，因此，仅采用颜色的一阶矩、二阶矩和三阶矩就足以表达图像的颜色分布。

4）颜色聚合向量

颜色聚合向量的核心思想是将属于直方图每一个柄的像素分成两部分，如果该柄内的某些像素所占据的连续区域的面积大于给定的阈值，则该区域内的像素作为聚合像素，否则作为非聚合像素。

1.5.2 基于纹理的特征提取

图像或物体的纹理或纹理特征反映了图像或物体本身的属性，有助于我们将两种不同的物体区别开来。图像纹理分析是指通过一定的图像处理技术提取出纹理特征参数，从而获得纹理的定量或定性描述的处理过程。

1. 纹理特征提取的方法

纹理分析的一个核心问题是纹理描述，即纹理特征提取。目前纹理特征提取的方法按其性质而言，可分为两大类：结构分析方法和统计分析方法。

（1）结构分析方法通常采用形式化语言来描述纹理，纹理是对定义好的基元（微纹理），用一组排列方法进行一种近似规则的可重复的空间布局（宏纹理）。结构化纹理分析方法一般由两个主要的步骤所组成：纹理基元抽取、推理纹理基元的排列规则，该方法的一个主要优势是可以对图像给出一个好的符号化描述。一个有效的结构化纹理分析方法需由数学形态学来支撑，这类方法对“确定性”纹理或可描述的结构化纹理很有效，但对那些难于符号化的自然纹理效果欠佳。

（2）统计分析方法是常用的纹理分析方法，也是纹理研究最多、最早的一类方法。统计分析方法通过统计图像的空间频率、边界频率及空间灰度依赖关系等来分析纹理。一般来讲，纹理的细致和粗糙程度与空间频率有关。细致的纹理具有高的空间频率，例如，布匹的纹理是非常细致的纹理，其基元较小，因而空间频率较高；低的空间频率常常与粗糙的纹理相关，例如，大理石纹理一般是粗糙的纹理，其基元较大，具有低的空间频率。因此，我们可以通过度量空间频率来描述纹理。除了空间频率以外，每单位面积边界数也是度量纹理细致和粗糙程度的另外一种统计方法。边界频率越高，说明纹理越精细；相反，低的边界频率与粗糙的纹理息息相关。此外，统计分析方法还从描述空间灰度依赖关系的角度出发来分析和描述图像纹理。常用的统计纹理分析方法有自相关函数、边界频率、空间灰度依赖矩阵等。相对于结构分析方法，统计分析方法并不刻意去精确描述纹理的结构。从统计学的角度来看，纹理图像是一些复杂的模式，可以通过获得的统计特征集来描述这些模式。统计方法还包括统计特征矩、高阶统计量和光谱直方图等方法。

纹理特征也是一种全局特征，它也描述了图像或图像区域所对应景物的表面性质。但由于纹理只是一种物体表面的特性，并不能完全反映出物体的本质属性，所以仅仅利用纹理特征是无法获得高层次图像内容的。与颜色特征不同，纹理特征不是基于像素点的特征，它需要在包含多个像素点的区域中进行统计计算。在模式匹配中，这种区域性的特征具有较大的优越性，不会因局部的偏差而无法匹配成功。作为一种统计特征，纹理特征常具有旋转不变性，并且对于噪声有较强的抵抗能力。但是，纹理特征也有其缺点，一个很明显的缺点是当图像的分辨率变化的时候，所计算出来的纹理可能会有较大的偏差。另外，由于有可能受到光照和反射情况的影响，从 2D 图像中反映出来的纹理不一定是 3D 物体表面真实的纹理。

例如，水中的倒影、光滑的金属面互相反射造成的影响等都会导致纹理的变化。由于这些不是物体本身的特性，因而将纹理信息应用于检索时，有时这些虚假的纹理会对检索造成"误导"。

在检索具有粗细和疏密等方面较大差别的纹理图像时，利用纹理特征是一种有效的方法。但当纹理之间的粗细和疏密等易于分辨的信息之间相差不大的时候，通常的纹理特征很难准确地反映出人的视觉感觉不同的纹理之间的差别。

2. 常用的纹理特征

纹理特征的提取主要有灰度共生矩阵、Tamura 纹理特征、自回归纹理模型和 Gabor 滤波等。灰度共生矩阵特征提取与匹配主要依赖于能量、惯量、熵和相关性 4 个参数。Tamura 纹理特征基于人类对纹理的视觉感知心理学研究，提出 6 种属性，即粗糙度、对比度、方向度、线像度、规整度和粗略度。自回归纹理模型（simultaneous auto-regressive，SAR）是马尔可夫随机场（MRF）模型的一种应用实例。Gabor 函数与人眼的生物作用相仿，Gabor 滤波经常用在纹理识别上。下面介绍几种常用的纹理特征描述方法。

1）*统计方法*

统计方法的典型代表是一种称为灰度共生矩阵的纹理特征分析方法。Gotlieb 和 Kreyszig 等人在研究共生矩阵中各种统计特征的基础上，通过实验得出灰度共生矩阵的 4 个关键特征：能量、惯量、熵和相关性。统计方法中另一种典型方法则是从图像的自相关函数（图像的能量谱函数）提取纹理特征，即通过对图像的能量谱函数的计算，提取纹理的粗细度及方向性等特征参数。

2）*几何法*

所谓几何法，是指建立在纹理基元（基本的纹理元素）理论基础上的一种纹理特征分析方法。纹理基元理论认为，复杂的纹理可以由若干简单的纹理基元以一定的、有规律的形式重复排列构成。在几何法中，比较有影响的算法有两种：Voronio 棋盘格特征法和结构法。

3）*模型法*

模型法以图像的构造模型为基础，采用模型的参数作为纹理特征，典型的方法是随机场模型法，如马尔可夫（Markov）随机场（MRF）模型法和 Gibbs 随机场模型法。

4）信号处理法

从时频二维空间分析信号，Gabor 函数与人眼的生物作用相仿，所以 Gabor 滤波经常用在纹理识别上，并取得了较好的效果。

1.5.3 基于形状的特征提取

各种基于形状特征的检索方法都可以比较有效地利用图像中感兴趣的目标来进行检索，但它们也有一些共同的问题，包括：①目前基于形状的检索方法还缺乏比较完善的数学模型；②如果目标有变形时，检索结果往往不太可靠；③许多形状特征仅描述了目标局部的性质，要全面描述目标则对计算时间和存储量有较高的要求；④许多形状特征所反映的目标形状信息与人的直观感觉不完全一致，或者说，特征空间的相似性与人视觉系统感受到的相似性有差别。另外，从 2D 图像中表现的 3D 物体实际上只是物体在空间某一平面的投影，从 2D 图像中反映出来的形状通常不是 3D 物体真实的形状，由于视点的变化，可能会产生各种失真。

通常情况下，形状特征有两类表示方法：一类是轮廓特征，另一类是区域特征。图像的轮廓特征主要针对物体的外边界，而图像的区域特征则关系到整个形状区域。常用的几种典型的形状特征描述方法如下。

1）轮廓特征法

轮廓特征法通过对轮廓特征的描述来获取图像的形状参数。其中，Hough 变换检测平行直线方法和边界方向直方图方法是经典方法。Hough 变换是利用图像全局特性而将边缘像素连接起来组成区域封闭边界的一种方法，其基本思想是点-线的对偶性；边界方向直方图法首先对图像进行微分求得图像边缘，然后做出关于边缘大小和方向的直方图，通常的方法是构造图像灰度梯度方向矩阵。

2）傅里叶形状描述符法

傅里叶形状描述符（Fourier shape descriptors）的基本思想是用物体边界的傅里叶变换作为形状描述，利用区域边界的封闭性和周期性，将二维问题转化为一维问题。

3）几何参数法

形状的表达和匹配采用更为简单的区域特征描述方法，例如，采用有关形状定量测度（如矩、面积、周长等）的形状参数法。利用圆度、偏心率、主轴方向和代数不变矩等几何参数，进行基于形状特征的图像检索。

需要说明的是，形状参数的提取，必须以图像处理及图像分割为前提，参数的准确性必然会受到分割效果的影响，对分割效果很差的图像，形状参数甚至无法提取。

4）形状不变矩法

利用目标所占区域的矩作为形状描述参数。

5）其他方法

近年来，在形状的表示和匹配方面的工作还包括有限元法、旋转函数和小波描述符等方法。

1.5.4 基于空间关系的特征提取

所谓空间关系，是指图像中分割出来的多个目标之间的相互的空间位置或相对方向关系，这些关系也可分为连接/邻接关系、交叠/重叠关系和包含/包容关系等。

通常空间位置信息可以分为两类：相对空间位置信息和绝对空间位置信息。前一种关系强调的是目标之间的相对情况，如上下左右关系等；后一种关系强调的是目标之间的距离大小及方位。显而易见，由绝对空间位置可推出相对空间位置，但表达相对空间位置信息常比较简单。

空间关系特征的使用可加强对图像内容的描述区分能力，但空间关系特征常对图像或目标的旋转、反转和尺度变化等比较敏感。另外，实际应用中，仅仅利用空间信息往往是不够的，不能有效准确地表达场景信息。为了检索，除使用空间关系特征外，还需要其他特征来配合。

提取图像空间关系特征有两种方法：一种方法是首先对图像进行自动分割，划分出图像中所包含的对象或颜色区域，然后根据这些区域提取图像特征，并建立索引；另一种方法则简单地将图像均匀地划分为若干规则子块，然后对每个图像子块提取特征，并建立索引。

1.6 模式识别

1.6.1 模式识别简介

模式识别诞生于 20 世纪 20 年代，随着计算机的出现和人工智能的发展，人们当然也希望能用计算机来代替或扩展人类的部分脑力劳动。模式识别在 20 世纪 60 年代初迅速发展成一门学科，它所研究的理论和方法在很多学科和领域中都得到广泛的重视，推动了人工智能系统的发展，扩大了计算机应用的可能性。图像处理就是模式识别方法的一个重要领域。模式识别是人类的一项基本智能，在日常生活中，人们经常在进行“模式识别”。

根据有无标准样本，模式识别可分为监督学习和非监督性学习。模式分类或描述通常是基于已经得到分类或描述的模式集合而进行的，人们称这个模式集合为训练集，由此产生的学习策略称为监督学习。学习也可以是非监督性学习，在此意义下产生的系统不需要提供模式类的先验知识，而是基于模式的统计规律或模式的相似性学习判断模式的类别。

基于监督学习的模式识别系统由 4 大部分组成，即数据采集、预处理、特征提取和分类决策，如图 1-3 所示。

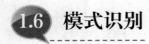

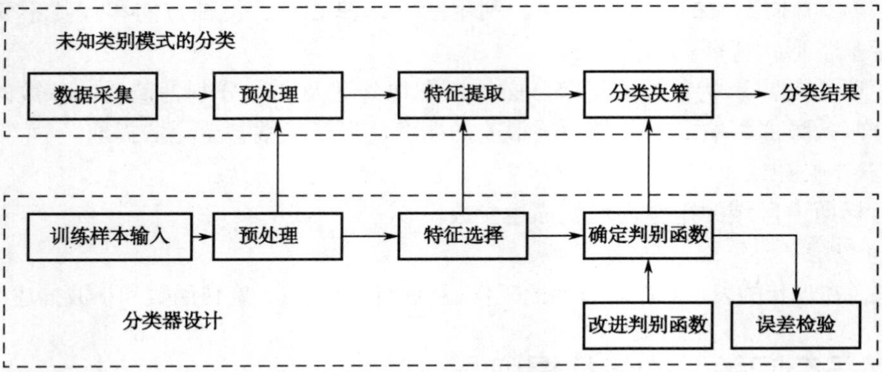

图 1-3　模式识别系统框架图

1）数据采集

数据采集是指利用各种传感器把被研究对象的各种信息转换为计算机可以接收的数值或符号（串）集合。习惯上称这种数值或符号（串）所组成的空间为模式空间。这一步的关键是传感器的选取。

一般获取的数据类型如下。

（1）物理参量和逻辑值：体温、化验数据、参量正常与否的描述。

（2）一维波形：脑电图、心电图、季节振动波形、语音信号等。

（3）二维图像：文字、指纹、地图、照片等。

2）预处理

为了从这些数字或符号（串）中抽取出对识别有效的信息，必须进行预处理，目的是为了消除输入数据或信息中的噪声，排除不相干的信号，只留下与被研究对象的性质和采用的识别方法密切相关的特征（如表征物体的形状、周长、面积等）。举例来说，在进行指纹识别时，指纹扫描设备每次输出的指纹图像都会随着图像的对比度、亮度或背景等的不同而不同，有时可能还会产生变形，而人们感兴趣的仅仅是图像中的指纹线、指纹分叉点和端点等，而不需要指纹的其他部分或背景。因此，需要采用合适的滤波算法，如基于块方图的方向滤波和二值滤波等，过滤掉指纹图像中这些不必要的部分。

3）特征提取

对原始数据进行变换，从许多特征中寻找出最有效的特征，得到最能反映分类本质的特征，将维数较高的测量空间（原始数据组成的空间）转变为维数较低的特征空间（分类识别赖以进行的空间），以降低后续处理过程的难度。人类很容易获取的特征，对于机器来说就很难获取了，这就是模式识别中的特征选择与提取的问题。特征选择和提取是模式识别的一个关键问题。一般情况下，候选特征种类越多，得到的结果应该越好。但是，由此可能会引发维数灾害，即特征维数过高，计算机难以求解。如何确定合适的特征空间是设计模式识别系统一个十分重要的问题。对特征空间进行优化有两种基本方法。一种是特征选择，如果所选用的特征空间能使同类物体分布具有紧致性，则可为成功分类器设计提供良好的基础；反之，如果不同类别的样品在该特征空间中混杂在一起，再好的设计方法也无法提高分类器的准确性；另一种是特征的组合优化，通过一种映射变换改造原特征空间，构造一个新的精简的特征空间。

4）分类决策

基于模式特征空间，就可以进行模式识别的最后一部分：分类决策。该阶段最后输出的可能是对象所属的类型，也可能是模型数据库中与对象最相似的模式编号。已知若干个样品的类别及特征，例如，手写阿拉伯数字的判别是具有 10 类的分类问题，机器首先要知道每个手写数字的形状特征，对同一个数字，不同的人有不同的写法，甚至同一个人对同一个数字也有多种写法，就必须让机器知道它属于哪一类。因此，对分类问题需要建立样品库，根据这些样品库建立判别分类函数，这一过程是由机器来实现的，称为学习过程。然后对一个未知的新对象分析它的特征，判断它属于哪一类，这是一种监督分类的方法。

具体步骤是建立特征空间中的训练集，已知训练集里每个点的所属类别，从这些条件出发，寻求某种判别函数或判别准则，设计判决函数模型，然后根据训练集中的样品确定模型中的参数，便可将这模型用于判别，利用判别函数或判别准则去判别每个未知类别的点应该属于哪一个类。在模式识别学科中，一般把这个过程称为训练与学习的过程。

分类的规则是依据训练样品提供信息确定的。分类器设计在训练过程中完成，利用一批训练样品，包括各种类别的样品，由这些样品大致勾画出各类事物在特征空间分布的规律性，为确定使用什么样的数学公式及这些公式中的参数提供了信息。一般来说，决定使用什么类型的分类函数是由人决定的。分类器参数的选择或者在学习过程中得到的结果取决于设计者选择什么样的准则函数。不同准则函数的最优解对应不同的学习结果，得到性能不同的分类器。数学公式中的参数则往往通过学习来确定，在学习过程中，如果发现当前采用的分类函数会造成分类错误，那么利用错误提供应如何纠正的信息，就可以使分类函数朝正确的方向前进，这就形成了一种迭代的过程。如果分类函数及其参数使出错的情况越来越少，就可以说是逐渐收敛的，学习过程就收到了效果，设计也就可以结束。

针对不同的应用目的，模式识别系统的 4 部分的内容有很大的差异，特别是在预处理和分类决策这两部分。为了提高识别结果的可靠性，往往需要加入知识库（规则）以对可能产生的错误进行修正，或通过引入限制条件大大缩小待识别模式在模型库中的搜索空间，以减少匹配计算量。

1.6.2 模式识别方法

模式分类或模式匹配的方法有很多，例如，模板匹配法、判别函数法、神经网络分类法和基于规则推理法等。

1. 模板匹配法

模板匹配法就是将待分类样品与标准模板进行比较，看跟哪个模板匹配程度更好些，从而确定待测试样品的分类。而近邻法则在原理上属于模板匹配，它将训练样品集中的每个样品都作为模板，用测试样品与每个模板作比较，看与哪个模板最相似（即近邻），就按最近似的模板的类别作为自己的类别。例如，A 类有 10 个训练样品，因此有 10 个模板；B 类有 8 个训练样品，就有 8 个模板；任何一个待测试样品在分类时都会与这 18 个模板比较相似度，若最相似的那个近邻是 A 类中的一个，就确定待测试样品为 A 类，否则为 B 类。因此，原理上说近邻法是最简单的，但是近邻法有一个明显的缺点就是计算量大、存储量大，要存储的模板很多，每个测试样品要和每个模板比较一次相似度，因此，在模板数量很大时，计算量也很大的。

2. 判别函数法

设计判别函数的形式有两种方法：基于概率统计的分类法和几何分类法。

1）基于概率统计的分类法

基于概率统计的分类法主要有基于最小错误率的贝叶斯决策和基于最小风险的贝叶斯决策。直接使用贝叶斯决策需要首先得到有关样品总体分布的知识，包括各类先验概率及类条件概率密度函数，计算出样品的后验概率，并以此作为产生判别函数的必要数据，设计出相应的判别函数与决策面。当各类样品近似于正态分布时，可以算出使错误率最小或风险最小的分界面，以及相应的分界面方程。因此，若能从训练样品中估计出各类样品都服从的近似正态分布，则可以按贝叶斯决策方法对分类器进行设计。

这种利用训练样品的方法是通过它的概率分布进行估计，然后用它进行分类器设计的，这种方法称为参数分类判别方法，它的前提是对特征空间中各类样品的分布已很清楚，一旦已知要测试分类样品的特征向量值，就可以确定对各类的后验概率，也就可按相应的准则计算与分类，所以判别函数等的确定取决于样品统计分布的有关知识。因此，参数分类判别方法一般只能用在有统计知识的场合，或能利用训练样品估计出参数的场合。

贝叶斯分类器可以用一般的形式给出数学上严格的分析证明：在给出某些变量的条件下，能使分类所造成的平均损失最小，或分类决策的风险最小。因此，能计算出分类器的极限性能。贝叶斯决策采用分类器中最重要的指标——错误率作为产生判别函数和决策面的依据。因此，它给出了最一般情况下适用的“最优”分类器设计方法，对各种不同的分类器设计技术在理论上都有指导意义。

2）判别函数几何法

由于一个模式通过某种变换映射为一个特征向量后，该特征向量可以理解为特征空间的一个点。在特征空间中，属于一个类的点集总是在某种程度上与属于另一个类的点集相分离，各个类之间确定可分的，因此，如果能够找到一个判别函数（线性或非线性函数），把不同类的点集分开，则分类任务就解决了。判别分类器不依赖于条件概率密度的知识，可以理解为通过几何的方法把特征空间分解为对应于不同类别的子空间，而且呈线性的分离函数，将使计算简化。分离函数又可分为线性判别函数和非线性判别函数。

3. 神经网络分类法

神经网络可以看成从输入空间到输出空间的一个非线性映射，它通过调整权重和阈值来“学习”或发现变量间的关系，实现对事物的分类。由于神经网络是一种对数据分布无任何要求的非线性技术，它能有效解决非正态分布和非线性的评价问题，因而得到广泛的应用。由于神经网络具有信息的分布存储、并行处理及自学习能力等特点，它在泛化处理能力上显示出较大的优势。

4. 基于规则推理法

通过样本训练集构建推理规则进行模式分类的方法主要有决策树和粗糙集理论。

1）决策树

决策树学习是以实例为基础的归纳学习算法，它着眼于从一组无次序和无规则的实例中推理出决策树表示形式的分类规则。决策树整体为一棵倒长的树，在分类时，它采用自顶向下的递归方式，在决策树的内部节点进行属性值的比较并根据不同属性判断从该节点向下的分支，在决策树的叶节点得到结论。

2）粗糙集理论

粗糙集理论反映了认知过程在非确定、非模型信息处理方面的机制和特点，是一种有效的非单调推理工具。粗糙集以等价关系为基础，用上、下近似两个集合来逼近任意一个集合，该集合的边界区域被定义为上近似集和下近似集之差集，边界区域就是那些无法归属的个体。上、下近似两个集合可以通过等价关系给出确定的描述，边界域的元素数目可以被计算出来。

1.6.3 模板匹配法

在图像识别中，最简单的识别方法就是模板匹配法，即把未知图像和一个标准的图像相比，看它们是否相同或相似。下面讨论两类和多类的情况。

1. 两类别

设有两个标准手写数字，样品模板为 A 和 B，其特征向量为 d 维特征：$\boldsymbol{X}_{\mathrm{A}}=(x_{\mathrm{A1}},x_{\mathrm{A2}},\cdots,x_{\mathrm{Ad}})^{\mathrm{T}}$ 和 $\boldsymbol{X}_{\mathrm{B}}=(x_{\mathrm{B1}},x_{\mathrm{B2}},\cdots,x_{\mathrm{Bd}})^{\mathrm{T}}$。任何一个待识别的手写数字，其特征向量 $\boldsymbol{X}=(x_1,x_2,\cdots,x_d)^{\mathrm{T}}$，那么，它是 A，还是 B 呢？

用模板匹配方法来识别。若 $\boldsymbol{X}=\boldsymbol{X}_{\mathrm{A}}$，则该手写数字为 A；若 $\boldsymbol{X}=\boldsymbol{X}_{\mathrm{B}}$，则该手写数字为 B。怎样知道 $\boldsymbol{X}=\boldsymbol{X}_{\mathrm{A}}$，还是 $\boldsymbol{X}=\boldsymbol{X}_{\mathrm{B}}$ 呢？最简单的识别方法就是利用距离来判别。如果 $\boldsymbol{X}$ 距离 $\boldsymbol{X}_{\mathrm{A}}$ 比距离 $\boldsymbol{X}_{\mathrm{B}}$ 近，则 $\boldsymbol{X}$ 属于 $\boldsymbol{X}_{\mathrm{A}}$，否则属于 $\boldsymbol{X}_{\mathrm{B}}$。这就是最小距离判别法。

任意两点 x、y 之间的距离为：

$$d(x,y)=\left[\sum_{i=1}^{d}(x_i-y_i)^2\right]^{\frac{1}{2}} \tag{1-1}$$

根据距离远近可作为判据，构成距离分类器，其判别法则为：

$$\begin{cases} d(\boldsymbol{X},\boldsymbol{X}_{\mathrm{A}})<d(\boldsymbol{X},\boldsymbol{X}_{\mathrm{B}})\Rightarrow \boldsymbol{X}\in \mathrm{A} \\ d(\boldsymbol{X},\boldsymbol{X}_{\mathrm{A}})>d(\boldsymbol{X},\boldsymbol{X}_{\mathrm{B}})\Rightarrow \boldsymbol{X}\in \mathrm{B} \end{cases}$$

2. 多类别

设有 M 个类别：$\omega_1,\omega_2,\cdots,\omega_M$，每类由若干个向量表示，如 ω_i 类，有：

$$\boldsymbol{X}_i=\begin{pmatrix} x_{i1} \\ x_{i2} \\ x_{i3} \\ \vdots \\ x_{in} \end{pmatrix}$$

对于任意被识别的数字，其特征向量

$$\boldsymbol{X}=\begin{pmatrix} x_1 \\ x_2 \\ x_3 \\ \vdots \\ x_n \end{pmatrix}$$

计算距离 $d(\boldsymbol{X}_i,\boldsymbol{X})$，若存在某一个 i，使：

$$d(\boldsymbol{X}_i,\boldsymbol{X})<d(\boldsymbol{X}_j,\boldsymbol{X}),\qquad j=1,2,\cdots M,i\neq j$$

即到某一个样品最近，则 $\boldsymbol{X}\in\omega_i$。

在具体判别时，X，Y 两点距离可以用 $|\boldsymbol{X}-\boldsymbol{Y}|^2$ 表示：

$$\begin{aligned} d(\boldsymbol{X},\boldsymbol{X}_i) &= |\boldsymbol{X}-\boldsymbol{X}_i|^2 = (\boldsymbol{X}-\boldsymbol{X}_i)^{\mathrm{T}}(\boldsymbol{X}-\boldsymbol{X}_i) \\ &= \boldsymbol{X}^{\mathrm{T}}\boldsymbol{X} - \boldsymbol{X}^{\mathrm{T}}\boldsymbol{X}_i - \boldsymbol{X}_i^{\mathrm{T}}\boldsymbol{X} + \boldsymbol{X}_i^{\mathrm{T}}\boldsymbol{X}_i \\ &= \boldsymbol{X}^{\mathrm{T}}\boldsymbol{X} - (\boldsymbol{X}^{\mathrm{T}}\boldsymbol{X}_i + \boldsymbol{X}_i^{\mathrm{T}}\boldsymbol{X} - \boldsymbol{X}_i^{\mathrm{T}}\boldsymbol{X}_i) \end{aligned} \tag{1-2}$$

式（1-2）中，$\boldsymbol{X}^{\mathrm{T}}\boldsymbol{X}_i + \boldsymbol{X}_i^{\mathrm{T}}\boldsymbol{X} - \boldsymbol{X}_i^{\mathrm{T}}\boldsymbol{X}_i$ 为特征的线性函数，可作为判别函数：

$$d_i(\boldsymbol{X}) = \boldsymbol{X}^{\mathrm{T}}\boldsymbol{X}_i + \boldsymbol{X}_i^{\mathrm{T}}\boldsymbol{X} - \boldsymbol{X}_i^{\mathrm{T}}\boldsymbol{X}_i \tag{1-3}$$

若 $d(\boldsymbol{X},\boldsymbol{X}_i) = \min d_i(\boldsymbol{X})$，则 $\boldsymbol{X} \in \omega_i$。这就是多类问题的最小距离分类法。

实现方法如下。

（1）待测样品 $\boldsymbol{X}$ 与训练集里每个样品 $\boldsymbol{X}_i$ 的距离采用 $d(\boldsymbol{X},\boldsymbol{X}_i) = |\boldsymbol{X}-\boldsymbol{X}_i|^2$。

（2）循环计算待测样品和训练集中各已知样品之间的距离，找出距离待测样品最近的已知样品，该已知样品的类别就是待测样品的类别。

总之，在设计分类器方法时，要有一个样品集，样品集中的样品用已经确定的向量来描述。也就是说，对要分类的样品怎样描述这个问题是已经确定的。在这种条件下，根据样品分布情况来确定分类器的类型，研究用模板匹配法、判别函数法、神经网络分类法和基于规则推理法等，以及这些分类器的其他设计问题。在这些方法中，最常用的基本方法是模板匹配法。这一过程往往也借鉴人的思维活动，像人类一样找出待识别物的外形或颜色等特征，分类系统中会预先存储属于同一模式类的模式集，然后将输入的未知模式与系统中已有的模式进行分析、判断、比较，最后加以分门别类，将具有相同或相似匹配的模式类作为该未知模式的所属类型，达到识别目的。

模式识别方法很多，有关模式识别方法和编程代码请参考本人撰写的专著《模式识别与智能计算——Matlab 技术实现（第 4 版）》，以及《群体智能与仿生计算——Matlab 技术实现（第 2 版）》，由于篇幅所限，这里就不再叙述了。

第2章 手写数字识别

2.1 手写数字图像数据特征分析

数字的类别只有 10 种，笔画简单，其识别问题表面上是一个较简单的分类问题，但实际上，由于不同的人所写的数字体形态各异，千差万别，手写数字随意性大，书写不规范，经常出现连笔和断笔等现象，甚至同一个人写出的数字也不一定相同，所以手写数字识别是极其复杂的，识别精度并不高。一些测试结果表明，手写数字的正确识别率并不如印刷体汉字的正确识别率高，甚至不如联机手写体汉字正确识别率高，而仅仅优于脱机手写汉字的识别。这其中的主要原因如下：

（1）数字笔画简单而平滑，0～9 十个数字中，其中的一些数字字形相差不大，使得准确区分某些数字相当困难。

（2）数字虽然只有 10 种，而且笔画简单，但同一数字写法千差万别，不同的人写出的同一个数字都有差别，即使同一个人在不同的时候也会有不同的写法。全世界各个国家各个地区的人都用，其书写上带有明显的区域特性，很难完全做到兼顾世界各种写法的、极高识别率的通用性数字识别系统。

（3）在实际的应用系统中，数字识别经常涉及财会和金融领域，特别是在有关金额的数字识别时（如支票中填写的金额部分），其严格性更是不言而喻的。数字没有上下文关系，每个单字的识别都至关重要，对单字识别正确率的要求要比文字苛刻得多。因此，用户的要求不是单纯的高正确率，更重要的是极低的、千分之一甚至万分之一以下的误识率。

欲解决上述 3 个问题，必须建立强大的样品库，而大批量数据处理对系统速度又有相当高的要求，许多理论上很完美但速度过低的方法是行不通的。因此，研究高性能的手写数字识别算法是一个有相当挑战性的任务。随着信息化的发展，实现计算机的手写数字识别是加快社会信息化进程的关键所在。手写数字识别的应用需求将会更加广泛，一旦研究成功并投入应用，将产生巨大的社会效益和经济效益，有着重大的现实意义。

要进行手写数字识别，关键是要知道该数字与其他数字区别的特征，在过去的数十年中，研究者们提出了许多的识别方法。手写数字识别在学科上属于模式识别和人工智能的范畴。识别方法主要分为两大类：基于统计特征的方法和基于结构特征的方法。

1）基于统计特征的手写数字识别

统计学方法是基于对被研究对象（目标图像）所进行的大量统计和分析，提取图像的特征，再利用图像的特征进行识别的。通过抽取手写数字的轮廓和骨架来提取其几何特征，可以有效地反映手写数字的细节。这些特征可以是点密度的测量和矩、特征区域、样条曲线拟合等。这个方法要求所提取的特征对同一个识别对象的形变尽量保持不变性。统计特征可分为全局特征和局部特征两种。全局特征是指将整个数字的像素值作为研究的对象，整体地抽取特征。例如，字符二维平面的位置特征和背景特征等。局部统计特征是指先将数字的像素值分割成不同区域或网格，在各个小区域内分别抽取统计特征，主要包括方向像素特征和局部笔画方向特征等。

识别的过程是通过将大量的统计特征经过学习和分类来形成相关字符原型的知识，构成用于识别手写数字的模板信息，这些信息一般是存储在计算机的识别系统中的。在识别时，系统首先提取实时图像对应的统计特征，然后与系统中存储的模板知识匹配比较，根据比较结果进行数字分类，达到识别的目的。

2）基于结构特征的手写数字识别

结构分析方法是基于分析图像结构，把一个图像分析成不同的结构，大多需要从字符的轮廓或骨架上提取字符形状的基本特征。常用的结构特征有圈、端点、交叉点、笔画和轮廓等。基于结构特征的手写数字识别技术，需要根据不同的识别策略提取不同的字符结构，例如，通过搜索匹配，提取出数字骨架的交叉点和端点等结构特征，与这些结构特征配合使用的往往是句法的分类方法，所提取出来的结构称为数字字符的子模式或基元，所有基元按照某种顺序排列起来就成为了数字字符的特征。基于结构特征的手写数字识别，实际上是在完成提取基元后，根据形式语言和自动机理论，采取词法分析、图匹配、树匹配和知识推理等方法分析数字字符结构。将字符映射到基元组成的结构空间后，再通过图像结构关系进行识别。

一般来说，两类特征各有优势。例如，使用统计特征的分类器易于训练，而且对于使用统计特征的分类器，在给定的训练集上能够得到相对较高的识别率。而结构特征的主要优点之一是能描述字符的结构，在识别过程中能有效地结合几何和结构的知识，因此能够得到可靠性较高的识别结果。一般来说，需要综合使用两种类型的特征统计方法。

下面主要介绍一下数字的一些主要特征。

1）端点阵特征

数字的端点阵特征包含着数字特征的大量信息。数字是由许多端点进行不同的排列构成的，这些端点反映在书写数字时的笔画特征，即书写过程中起始位置和结束位置。

2）数字轮廓特征

数字的轮廓特征是指将数字的轮廓划分为特征片段：凸弧、凹弧、直线段、端点和洞，并由这些特征片段得到特征基元，这样就构成了对数字结构完整的描述。

3）数字骨架特征

数字的骨架特征是指数字骨架端点和交叉点等结构特征，如端点的个数、交叉点的个数、线条弯曲的方向等，提取这些关键特征，然后根据这些特征的位置特征进行数字识别。

4）横向或纵向数据统计特征

横向或纵向扫描数字，当其中一行或列的像素由白变黑地变化，就是该行或列的横纵向交叉特征。从框架的左边框到数字之间的距离变化，反映了不同数字的不同形状，这可以用来作为数字分类的依据，如图 2-1 所示。

图 2-1　距离变化提取特征法

5）数字模板特征

每个数字提取外围矩形，在此矩形上定义一个 $N \times N$ 模板，将每个样品的长度和宽度分别 N 等份，共有 $N \times N$ 个等份，对每一份内的像素个数进行统计，除以每一份的面积总数，即得特征初值。提取外围矩形框后，可以消除手写数字大小对特征值的影响。

手写数字特征的选择是决定识别率的关键。当特征值过少时，由于决定性的分类特征太少，使得分类器无法发挥学习分类的功能，造成系统无法辨识。当特征值过多时，除了使系统存储量变大之外，也会因特征值的某些部分与其他数字的特征值冲突，从而造成系统辨识的误差。

2.2 手写数字识别系统设计

手写数字的识别主要包括图像预处理、特征提取和模式识别三大部分。手写数字识别系统的流程图如 2-2 所示。

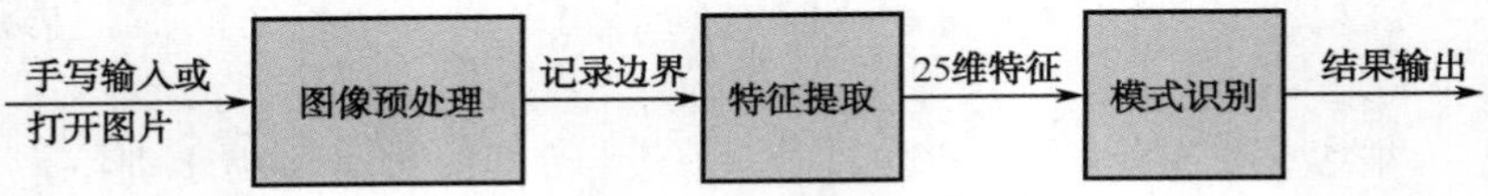

图 2-2　手写数字识别系统的流程图

本系统采用 VC++6.0 作为开发工具，实现手写数字识别，步骤如下：

（1）本系统手写数字的获取主要有两个途径：一是在视图内直接用鼠标在规定的区域内进行手写，如图 2-3 所示；二是打开以 256 色位图的 BMP 文件保存的手写数字的图片。本系统手写数字的背景简单，对识别的影响比较小。

（2）提取先验数字的模板特征，构成用于识别手写数字的模板信息。

（3）构建先验知识数据库并存储在计算机的识别系统中。

（4）在识别时，提取实时图像对应的统计特征。

（5）采用模板匹配法，与系统中存储的模板知识匹配比较，根据比较结果进行数字分类，达到识别的目的。

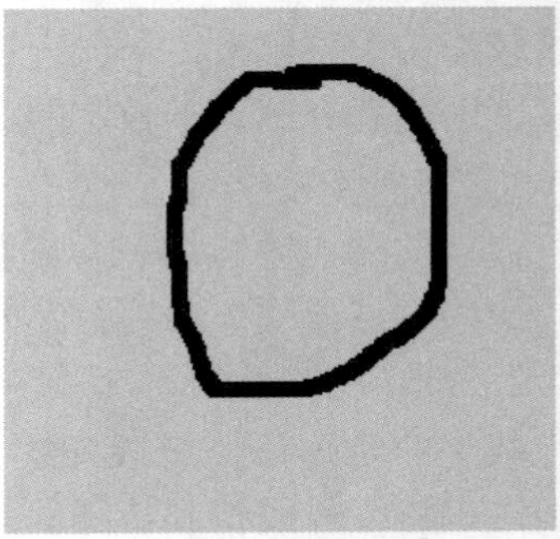

图 2-3　用鼠标在规定的区域内手写数字示意图

2.3 特征提取

1. 理论基础

在模式识别中，特征选择是个重要问题。直接从样品得到的数据量往往是相当大的。例如，从一个普通的图像中可以有几十万个数据，而一个卫星云图的数据量更多。为了对样品进行准确的识别，需要进行特征选择或特征压缩。特征选择指对原始数据进行抽取，抽取那些对区别不同类别最为重要的特征，而舍去那些对分类并无多大贡献的特征，得到能反映分类本质的特征。如果把区别不同类别的特征都从输入数据中找到，这时，自动模式识别问题就简化为匹配和查表，模式识别就不困难了。一个模式类特征选择得好与坏，很难在事先完全预测，而只能从整个分类识别系统获得的分类结果给予评价。

Kanal.L 曾经总结过经验：样品数 N 与特征数 n 之比应足够大，通常样品数 N 是特征数 n 的 5～10 倍。为了使特征数从多变少，需要进行特征选择，特征选择通常包括两方面内容：一是对单个特征的选择，即对每个特征分别进行评价，从中找出对识别作用最大的那些特征；二是从大量的原有特征出发，构造出少数的有效新特征，这种方法称为降维映射。

本系统采用数字模板特征，在每个数字图形上定义一个 5×5 模板，将每个样品的长度和宽度 5 等份，共有 5×5 个等份，对每一份内的像素个数进行统计，除以每一份的面积总数，即可得到特征初值。

首先提取数字的外围矩形框，外围矩形框是指包含数字的最小矩形框，找到每个手写数字样品的起始位置，用矩形框包围住数字，如图 2-4（a）所示，通过遍历图像数组，记录数字图像中最左、右、上、下黑点的位置坐标。根据最左和最上黑色像素位置组成矩形框的左上顶点，最右和最下黑色像素位置组成矩形框的右下顶点，由此可得外围矩形框。

在此附近搜索该样品的宽度和高度，将每个样品的长度和宽度 5 等份，构成一个 5×5 均匀小区域，对于每一小区域内的黑像素个数进行统计，除以该小区域的面积总数，即得特征值，如图 2-4（b）所示。当然，读者可以根据需要进行修改，N 值越大，模板也越大，特征越多，区分不同的物体能力越强，但同时计算量会增加，运行等候的时间会增长，所需要的样品库也会成倍增加。一般样品库的个数为特征数的 5～10 倍，这里特征总数为 $5\times5=25$，每一种数字就需要至少 125 个标准样品，10 个数字需要 1250 个标准样品，可想而知，数目已经不少了。如果 N 值过小，不利于不同物体间的区别。

对手写数字提取模板特征的好处是，针对同一形状和不同大小的样品得到的特征值相差不大，有能力将同一形状和不同大小的样品视为同类。因此，这里要求物体至少在宽度和长度上大于 5 个像素，太小则无法正确分类。当然，读者可以根据需要进行修改，N 值越大，模板也越大，特征越多，区分不同的物体能力越强，但同时计算量会增加，运行等候的时间会增长，所需样品库也要成倍增加。

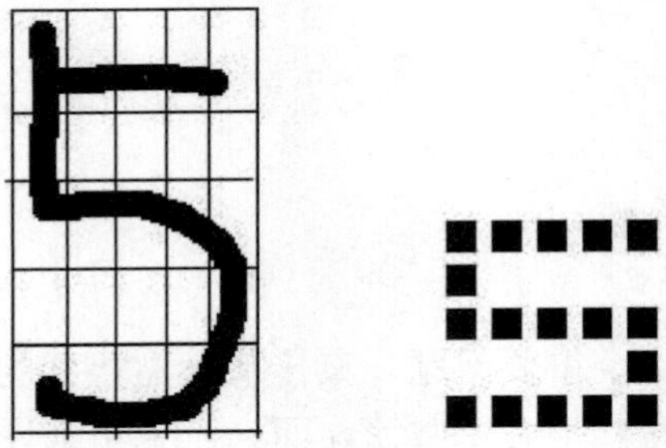

（a）对样品分成5×5的区域　　（b）5×5模板特征值示意图

图 2-4　5×5 模板提取特征法

2. 实现步骤

1）手写数字

手写数字的获取有两种方法：第一种可以在界面上手写一个数字；第二种可以通过打开已经保存的 BMP 位图。

2）手写数字的特征提取

（1）搜索数据区，找出手写数字的上、下、左、右的边界。

（2）将数字区域平均分为 5×5 的小区域。

（3）计算 5×5 的每一个小区域中黑像素所占比例，第一行的 5 个比例值保存到特征的前 5 个，第二行对应着特征的 6～10 个，以此类推。

（4）若特征大于 0.1，则将对应的 5×5 区域置黑。

3）构造样品特征库

分类器的设计方法属于监督学习法。在监督学习过程中，为了能够对未知事物进行分类，必须输入一定数量的样品来构建训练集，而且这些样品的类别已知，读者可以直接书写数字，为手写的数字选择其对应的类别，提取这些训练集样品的特征，构造分类器，然后对任何未知类别样品进行模式识别。

3. 关键代码

```
/*****************************************************************
*    函数名称：GetPosition()
*    函数类型：void
*    函数功能：搜索手写数字的位置，赋值给 bottom,top,right,left
*****************************************************************/
void GetFeature::GetPosition()
{
     width=GetWidth();
     height=GetHeight();
     LineBytes=(width*8+31)/32*4;
     int i,j;
     BOOL flag;
     for(j=0;j<height;j++)
```

```
{
    flag=FALSE;
    for(i=0;i<width;i++)
        if(m_pData[j*LineBytes+i]==0)
        {
            flag=TRUE;
            break;
        }
    if(flag)
        break;
}
bottom=j;
for(j=height-1;j>0;j--)
{
    flag=FALSE;
    for(i=0;i<width;i++)
        if(m_pData[j*LineBytes+i]==0)
        {
            flag=TRUE;
            break;
        }
    if(flag)
        break;
}
top=j;
for(i=0;i<width;i++)
{
    flag=FALSE;
    for(j=0;j<height;j++)
        if(m_pData[j*LineBytes+i]==0)
        {
            flag=TRUE;
            break;
        }
    if(flag)
        break;
}
left=i;
for(i=width-1;i>0;i--)
{
    flag=FALSE;
    for(j=0;j<height;j++)
        if(m_pData[j*LineBytes+i]==0)
```

```
                {
                        flag=TRUE;
                        break;
                }
            if(flag)
                break;
        }
        right=i;
}
/****************************************************************
*    函数名称：Cal(int row,int col)
*    函数类型：double
*    参数说明：int row,int col:第 row 行，第 col 个区域
*    函数功能：计算某一小区域内黑像素所占比例，返回某一小区域内黑像素所占比例
****************************************************************/
double GetFeature::Cal(int row,int col)
{
        double w,h,count;
        w=(right-left)/5;
        h=(top-bottom)/5;
        count=0;
        for(int j=bottom+row*h;j<bottom+(row+1)*h;j++)
        for(int i=left+col*w;i<left+(col+1)*w;i++)
        {
            if(m_pData[j*LineBytes+i]==0)
                count++;
        }
        return (double)count/(w*h);
}

/****************************************************************
*    函数名称：SetFeature()
*    函数类型：void
*    函数功能：将手写数字特征保存在变量 testsample 中
****************************************************************/
void GetFeature::SetFeature()
{
        int i,j;
        for(j=0;j<5;j++)
        {
            for(i=0;i<5;i++)
```

```
            {
                testsample[5*(4-j)+i]=Cal(j,i);
            }
        }
    }
```

4. 效果图

特征提取效果如图 2-5 所示。

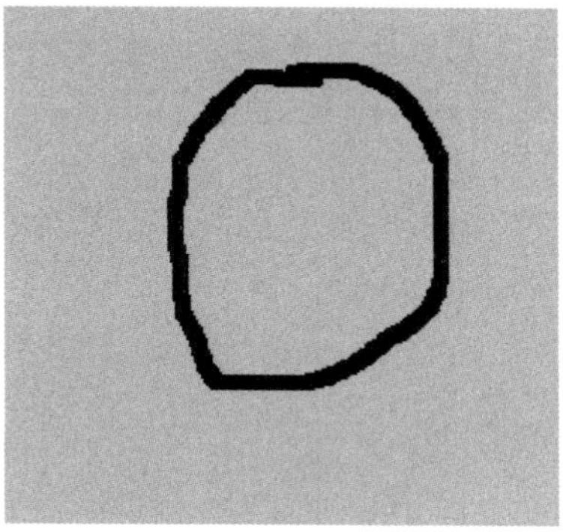

（a）手写数字

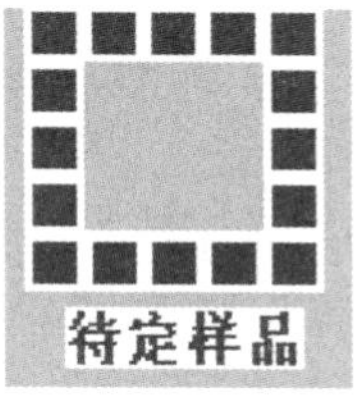

（b）5×5特征提取

图 2-5 特征提取效果图

2.4 手写数字识别实现

1. 理论基础

模式识别有多种方法，如模板匹配方法、神经网络分类方法、支持向量机分类方法等。

1）基于模板匹配方法的手写数字识别

模板匹配方法将待分类样品与标准模板进行比较，看跟哪个模板匹配程度更好些，从而确定待测试样品的分类，属于近邻法则。该方法将训练样品集中的每个样品都作为模板，用测试样品与每个模板作比较，看与哪个模板最相似（即近邻），就按最相似的模板的类别作为自己的类别。手写数字分 10 个类别，每个数字提取特征，为每个数字建立训练样品集，任何一个待测试样品在分类时与样品集里的每一个模板都算一算相似度，最相似的那一个样品的类别，就作为待测试样品的类别。因此，原理上说近邻法是最简单的，但是近邻法有一个明显的缺点，那就是计算量大，存储量大，要存储的模板很多，每个测试样品要对每个模板计算一次相似度，因此在模板数量很大时，计算量也是很大的。

2）基于神经网络分类方法的手写数字识别

人工神经网络是一种模仿人脑结构和功能的数学模型。在手写数字识别的整个系统中，人工神经网络主要是充当分类器的角色。该技术通过对所输入的特征向量反复学习，通过去除冗余、强化类差异等方式将其优化。BP 神经网络算法属于有监督的学习算法，其主要思想是：输入学习样品后，在训练过程中使用反向传播算法对网络的偏差和权值进行不断调整，目的是令输出向量不断向期望向量靠近，并以网络输出层的误差平方为指标，当其小于指定的误差时，训练完成。由于神经网络采用分布式的网络结构，这使其具备并行计算条件，因此在性能上可以满足大规模问题求解的速度要求。

3）基于支持向量机分类方法的手写数字识别

支持向量机（SVM）的理论源于 Vapink 等人于 1995 年所提出的统计学习理论。支持向量机是以结构风险最小化为原则的机器学习方法，它在指定经验风险范围的同时，寻求置信范围的最小化。与一些传统的学习方法对比，支持向量机具有良好的推广能力，它适用于小样品、高维和非线性等模式识别问题的解决方案，优势明显；而且支持向量机具有全局唯一的最优解，解决了 BP 神经网络算法中无法避免的局部极值问题。

本节实例采用模板匹配法，选取的特征数 n 为 25 维，特征库中每一类的样品数为 130 个左右。考虑到计算复杂度及运算时间，采用模板匹配法进行手写数字的识别完全能够满足现实需要。样品与样品之间的距离计算采用欧氏距离法。

设有两个样品 $\boldsymbol{X}_i$、$\boldsymbol{X}_j$ 的特征值分别为：

$$\boldsymbol{X}_i = \begin{pmatrix} x_{i1} \\ x_{i2} \\ \vdots \\ x_{in} \end{pmatrix} = (x_{i1}, x_{i2}, \cdots, x_{in})^{\mathrm{T}}, \qquad \boldsymbol{X}_j = \begin{pmatrix} x_{j1} \\ x_{j2} \\ \vdots \\ x_{jn} \end{pmatrix} = (x_{j1}, x_{j2}, \cdots, x_{jn})^{\mathrm{T}} \tag{2-1}$$

若采用欧式距离法来计算两样品之间的距离，则两样品距离为：

$$\begin{aligned} D_{ij}^2 &= (\boldsymbol{X}_i - \boldsymbol{X}_j)^{\mathrm{T}}(\boldsymbol{X}_i - \boldsymbol{X}_j) = \| \boldsymbol{X}_i - \boldsymbol{X}_j \|^2 \\ &= \sum_{k=1}^{n} (x_{ik} - x_{jk})^2 \end{aligned} \tag{2-2}$$

其中，D_{ij} 越小，则两个样品距离越近，就越相似。

2. 实现步骤

对于手写数字的识别过程如下。

（1）待测样品 $\boldsymbol{X}$ 与训练集里每个样品 $\boldsymbol{X}_i$ 的距离采用 $d(\boldsymbol{X},\boldsymbol{X}_i) = |\boldsymbol{X} - \boldsymbol{X}_i|^2$ 计算。

（2）循环计算待测样品和训练集中各已知样品之间的距离，找出距离待测样品最近的已知样品，该已知样品的类别就是待测样品的类别。

（3）若样品未被识别，则可选择性地将样品加入样品特征库。

手写数字识别的流程图如图 2-6 所示。

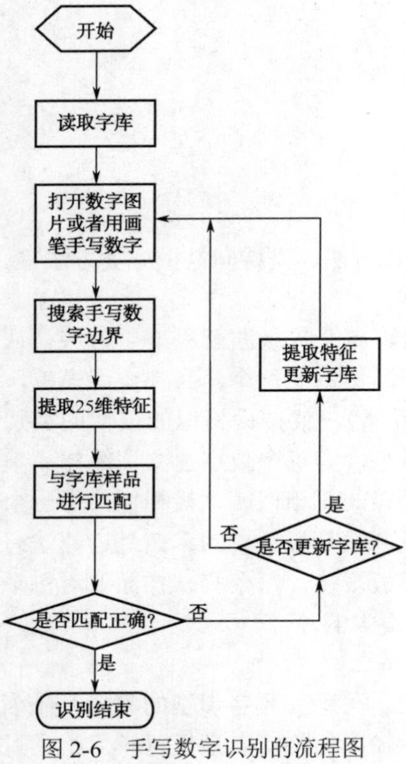

图 2-6　手写数字识别的流程图

3. 关键代码

```
/************************************************************************
*    函数名称：pipei(double s1[],double s2[])
*    函数类型：double
*    参数说明：double s1[], double s2[]:两个样品的特征
*    函数功能：计算两个样品的匹配程度，返回两个样品的匹配程度
************************************************************************/
double Classification::pipei(double s1[],double s2[])
{
      double count=0.0;
      for(int i=0;i<25;i++)
      {
            count+=(s1[i]-s2[i])*(s1[i]-s2[i]);
      }
      return count;
}
/************************************************************************
*    函数名称：LeastDistance()
*    函数类型：number_no，结构体
*    函数功能：最小距离法，返回数字类别和编号
************************************************************************/
number_no Classification::LeastDistance()
{
      double min=10000000000;
      number_no number_no;
      for(int n=0;n<10;n++)
      {
            for(int i=0;i<pattern[n].number;i++)
            {
                  if(pipei(pattern[n].feature[i],testsample)<min)
                  {
                        //匹配的最小值
                        min=pipei(pattern[n].feature[i],testsample);
                        number_no.number=n;                    //样品的类别
                        number_no.no=i;                        //样品的序号
                  }
            }
      }
      return number_no;                                        //返回手写数字的类别和序号
}
```

4. 效果图

手写数字 0，采用模板匹配法的识别效果如图 2-7 所示。

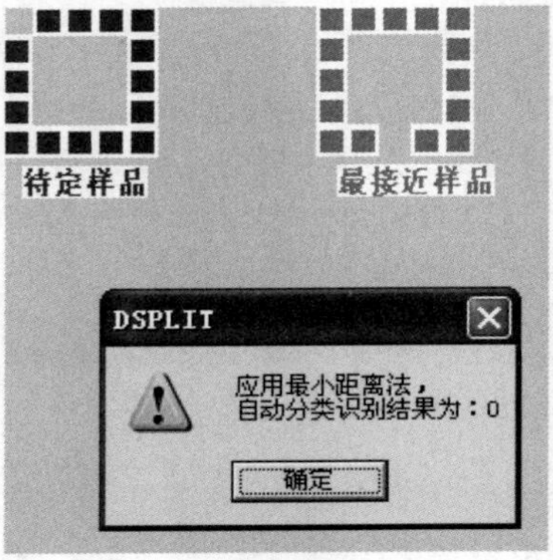

图 2-7　识别效果图

第3章 邮政编码识别

3.1 邮政编码图像数据特征分析

邮政编码识别所获取的目标数字图像中，含有复杂的信封背景和自然背景信息，同时易受照明条件、模糊和图像倾斜等因素的影响，严重影响获取图像的质量，给之后的邮政编码数字分割及字符识别带来很大的困难。所以，在进行邮政编码识别之前，有必要对数字图像进行处理操作。

我国信封的左上角有 6 个红框，这是邮政编码所在位置，如图 3-1 所示。信件自动分拣的基础是对信封左上角邮编框内手写邮编数字 0～9 的自动识别。为此，进行版面分析，获得红框所在的位置，就可以获得数字所在的位置，因此，关键是找到红色边框的具体位置坐标。

图 3-1 邮政编码

由于在邮件信封上大部分为书写方式的邮政数字，其书写方式众多复杂，数字特征具有多样性，所以在识别邮政编码时是基于单个数字识别的，要进行编码定位处理，即进行图像的分割处理，从而对每个邮编数字依次进行识别，所以，图像编码定位同样是图像识别工作的基础。

图像编码定位处理是把数字图像分成有意义的区域，提取目标区域图像的特征，即对这些区域进行描述。所以说，图像编码定位的任务就是把多行或多个字符图像中的每个字符从整个数字图像中分割出来，使其成为单个字符，为下一步将标准的单个字符输入到字符识别模块做准备。根据红框的包络位置，采用自顶向下和自底向上相结合的方案，确定 6 个邮政编码数字的位置，从邮政编码图像块中提取单个数字图像，如图 3-2 所示，即可获取每个数字字符的中心位置、高度、宽度和像素点数等信息，在此基础上，对手写的邮政编码数字进行特征选择与提取，构建样品特征库，采用第 2 章手写数字识别的方法，对邮政编码数字 0～9 进行自动识别。

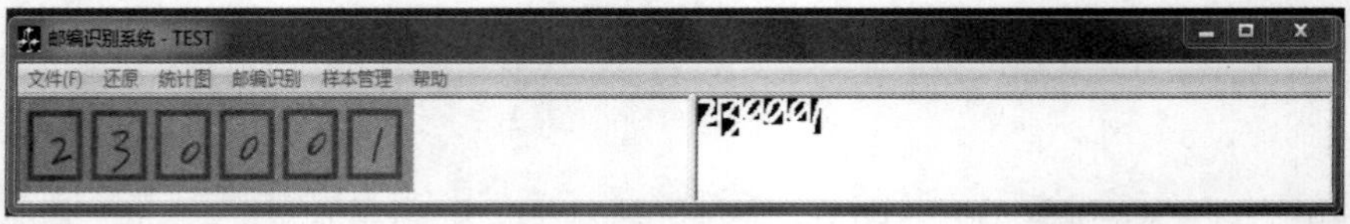

图 3-2　目标效果图

3.2 邮政编码识别系统设计

邮政编码识别系统的流程图如图 3-3 所示。识别系统主要分为图像预处理和图像识别两个大的过程。图像预处理分为去除红色边框、灰度化、二值化和图像分割过程；图像识别分为图像特征提取与图像识别输出过程。

从信函的左上角取得包含有邮政编码的图像；进行版面分析，获得 6 个邮政编码红框的位置坐标，根据红框的包络位置，对邮政编码区域的图像进行灰度化和二值化处理；从邮政编码图像块中分割提取单个数字图像，进行识别，并输出识别结果。

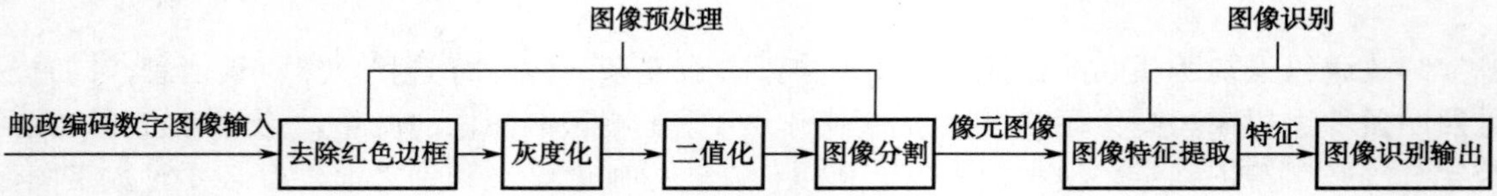

图 3-3　邮政编码识别系统的流程图

1）去除红色边框

国家规定在信封的红色边框内为书写邮政编码区域，但红色边框对于邮政编码数字识别会引起干扰。为了便于识别邮政编码，首先必须去掉红色边框，去除红色边框的效果如图 3-4 所示。

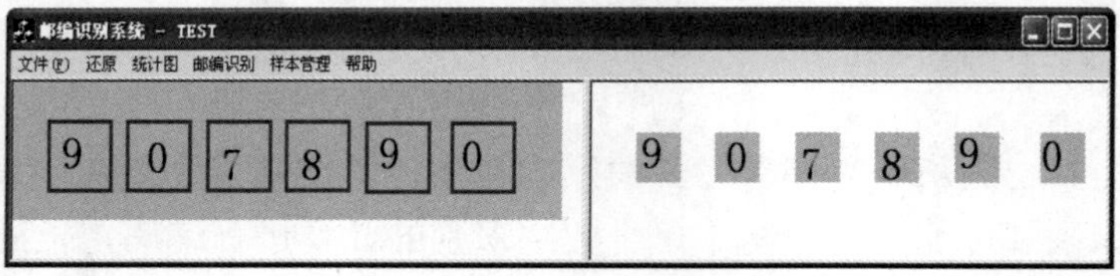

图 3-4　去除红色边框的效果

2）灰度化

邮政编码数字图像是 24 位真彩色图像，24 位真彩色图像又称 RGB 图像，其存储量要求很大，而且在进行图像处理时，计算量也随之增加，不便于图像识别处理。所以，在图像预处理过程中，要对邮编数字进行灰度化处理，减少后续图像的运算量，方便识别。邮政编码数字图像灰度化的效果如图 3-5 所示。

3）二值化

经过灰度化处理的邮政编码图像呈现比较多的明暗度，背景像素干扰因素多，不便于后期的特征提取与识别，所以要进行二值化处理。图像二值化处理是将多值的灰度图像转换为只有黑色和白色两种颜色的图像，即将灰度图像转换为只有两级灰度（黑白）的图像，有利于邮政编码数字识别处理，而且能减少大量运算，节省程序的运行时间。二值化后的效果图如图 3-6 所示。

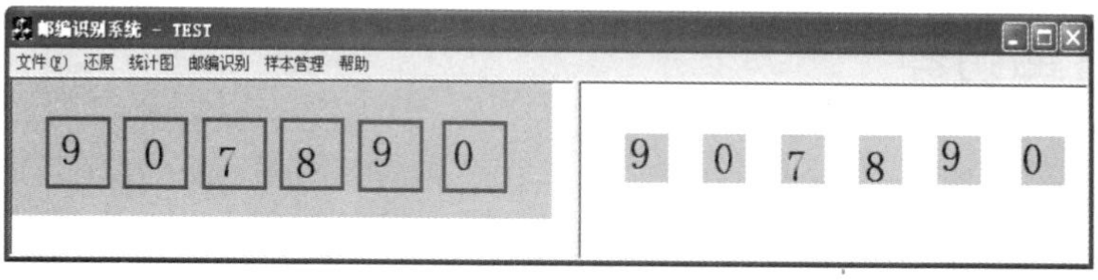

图 3-5　邮政编码数字图像灰度化的效果

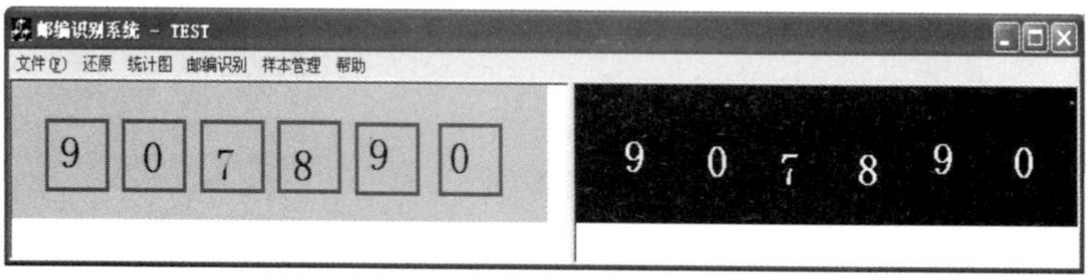

图 3-6　二值化后的效果图

4）图像分割

在投寄信函邮件时，习惯在信封左上角的位置上书写或打印邮政编码。为了提高邮政编码的准确定位率，便于信封上邮政编码数字的识别，就要分割出每个数字，提取其数字的有效区域。图像分割后的效果如图 3-7 所示。

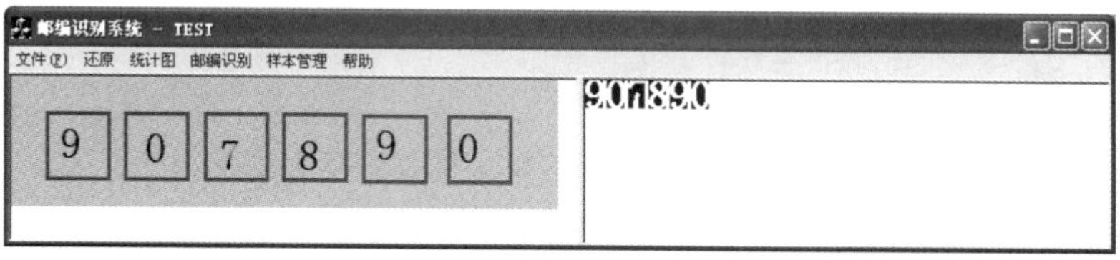

图 3-7　图像分割后的效果

5）图像特征提取与图像识别

邮政编码数字图像在进行定位分割之后，基本完成了图像预处理过程，形成单独的 6 个邮政编码数字像元图像并进行识别。在图像识别过程中，首先以 6 个像元图像为基础，进行特征提取与选择处理，建立特征样品库，确定有价值的某些特征进行计算与测量，然后根据所计算的结果，利用模板匹配分类器算法，对邮政编码数字进行分类识别，最终识别结果如图 3-8 所示。

图 3-8　识别结果

本系统采用 VC++6.0 作为开发工具，实现邮政编码识别。

3.3 邮政编码预处理

为了进一步提高邮政编码的正确识别率，在进行邮政编码数字特征提取之前，需要对邮政编码数字图像进行预处理，将图像中感兴趣的部分突出，这对于提高整个识别系统的性能是很有必要的。邮政编码数字图像预处理内容包括去除红色边框、灰度化与二值化、编码定位和数字切割四个主要步骤。

3.3.1 去除红色边框

1. 理论基础

邮政编码识别系统的第一个任务就是找到红色边框，把红色边框去除，以免对框内数字的识别引起干扰。分割出左上角 6 个红框内的邮政编码数字，才能进行识别。所以，去除红色边框方法通过设定红色边框颜色范围值，检测到红色边框的位置区域，然后将这些区域的颜色设置为白色。

2. 实现步骤

（1）取得原图的数据区指针。

（2）每个像素依次循环，判断邮政编码边框的依据是纯红色或类似红色。如果在设定的红色范围内，则将检测数字图像的红色边框横竖方向区域设置为255，即白色。

3. 关键代码

邮政编码数字图像去除红色边框处理的基本语句如下。

```
/*****************************************************************/
/*函数名称：OnRedout()
/*函数类型：void
/*功能：去除图像边框
/*****************************************************************/
void OnRedout()
{
    if(GetDocument()->isRead)
    {
        setup=1;
        OnHuanyuan();;                                   //图像的数据恢复至初始状态
        CTESTDoc *pDoc=GetDocument();
        cdibNew=&pDoc->cdibNew;
        int nWidth=cdibNew->GetWidth();
        int nHeight=cdibNew->GetHeight();
        int bytewidth=cdibNew->GetDibWidthBytes();
        BYTE *pData=cdibNew->GetData();
        //处理容易分辨出的红色
        for(int i=0;i<nWidth;i++)
        {
            for(int j=0;j<nHeight;j++)
            {
```

```
                //如果是纯红色
                if(pData[j*bytewidth+i*3+2]==255&&
                    pData[j*bytewidth+i*3+1]==0&&
                    pData[j*bytewidth+i*3]==0)
                {
                pData[j*bytewidth+i*3]=pData[j*bytewidth+i*3+1]=pData[j*bytewidth+i*3+2]=255;
                }
                //如果是红色
                else
                if(pData[j*bytewidth+i*3+2]>100&&
                    pData[j*bytewidth+i*3+1]+pData[j*bytewidth+i*3]<220)
                {
                  pData[j*bytewidth+i*3]=pData[j*bytewidth+i*3+1]=pData[j*bytewidth+i*3+2]=255;
                }
            }
        }
        }
    int *count_h=new int[nHeight];
     int *count_w=new int[nWidth];
     memset(&count_h[0],0,nHeight*sizeof(int));
     memset(&count_w[0],0,nWidth*sizeof(int));
     for(i=0;i<nWidth;i++)
     {
         for(int j=0;j<nHeight;j++)
         {
             if(cdibNew->m_pData[j*bytewidth+i*3]==255)  //只判断 RGB 中的第一个 R 的值
                 count_w[i]++;                           //统计每一列红颜色的个数
         }
     }
     for(i=0;i<nHeight;i++)
     {
         for(int j=0;j<nWidth;j++)
         {
             if(cdibNew->m_pData[i*bytewidth+j*3]==255)
                 count_h[i]++;                           //统计每一行红颜色的个数
         }
     }
     int posx[12]={0},posy[2]={0};
     i=0;
     for(int j=0;j<nWidth;j++)
     {
         if(count_w[j]>0&&count_w[j-1]==0)
         {
```

```
                posx[i*2]=j+8;
            }
            if(count_w[j]>0&&count_w[j+1]==0)
            {
                posx[i*2+1]=j-8;
                i++;
                if(i>6)break;
            }
        }
        for(j=0;j<nHeight;j++)
        {
            if(count_h[j]>0&&count_h[j-1]==0)posy[0]=j+8;
            if(count_h[j]>0&&count_h[j+1]==0)posy[1]=j-8;
        }
        OnHuanyuan();                                    //图像的数据恢复至初始状态
        for(i=0;i<nWidth;i++)
            for(j=0;j<posy[0];j++)
            {
                pData[j*bytewidth+i*3]=pData[j*bytewidth+i*3+1]=pData[j*bytewidth+i*3+2]=255;
            }
        for(i=0;i<nWidth;i++)
            for(j=posy[1];j<nHeight;j++)
            {
                pData[j*bytewidth+i*3]=pData[j*bytewidth+i*3+1]=pData[j*bytewidth+i*3+2]=255;
            }
        for(i=0;i<posx[0];i++)
            for(j=0;j<nHeight;j++)
            {
                pData[j*bytewidth+i*3]=pData[j*bytewidth+i*3+1]=pData[j*bytewidth+i*3+2]=255;
            }
        for(i=posx[1];i<posx[2];i++)
            for(j=0;j<nHeight;j++)
            {
                pData[j*bytewidth+i*3]=pData[j*bytewidth+i*3+1]=pData[j*bytewidth+i*3+2]=255;
        }
        for(i=posx[3];i<posx[4];i++)
            for(j=0;j<nHeight;j++)
            {
                pData[j*bytewidth+i*3]=pData[j*bytewidth+i*3+1]=pData[j*bytewidth+i*3+2]=255;
            }
        for(i=posx[5];i<posx[6];i++)
            for(j=0;j<nHeight;j++)
            {
```

```
                pData[j*bytewidth+i*3]=pData[j*bytewidth+i*3+1]=pData[j*bytewidth+i*3+2]=255;
            }
        for(i=posx[7];i<posx[8];i++)
            for(j=0;j<nHeight;j++)
            {
                pData[j*bytewidth+i*3]=pData[j*bytewidth+i*3+1]=pData[j*bytewidth+i*3+2]=255;
            }
            for(i=posx[9];i<posx[10];i++)
                for(j=0;j<nHeight;j++)
                {
                pData[j*bytewidth+i*3]=pData[j*bytewidth+i*3+1]=pData[j*bytewidth+i*3+2]=255;
                }
                for(i=posx[11];i<nWidth;i++)
                    for(j=0;j<nHeight;j++)
                    {
                pData[j*bytewidth+i*3]=pData[j*bytewidth+i*3+1]=pData[j*bytewidth+i*3+2]=255;
                        }
        Invalidate();
    }
```

4. 效果图

去除红色边框的效果如图 3-9 所示。

图 3-9　邮政编码数字图像去除红色边框的效果

3.3.2　灰度化与二值化

1. 理论基础

邮政编码数字图像经过灰度化处理后，所产生的灰度图像是由 256 个灰度级组成的灰度图像，有比较丰富的明暗度，但在搜索目标对象时，容易受到背景像素的干扰，会影响后期图像识别的质量。所以，在数字图像预处理中，常常对灰度化图像进行二值化处理。图像二值化处理是数字图像处理中一个非常重要的技术，是进一步进行数字图像信息压缩、目标提取与形状分析等方面的基本手段和方法。一般情况下，二值化会使图像中的目标显示得更为清晰。

本节的二值化处理采用固定阈值法，指定一个阈值 T，如果图像中的每个像素的灰度值小于该阈值，则把灰度值设为 0 或 255，否则灰度值设为 255 或 0。

2. 实现步骤

（1）取得原图数据区指针。

（2）循环图像的每一个像素，按照公式 Gray=0.2*R*+0.5*G*+0.3*B* 求出像素点的灰度值，并设置二值化阈值 *T*=127。

（3）若灰度值小于阈值，则将像素灰度置为 255，否则置为 0。

3. 关键代码

```
/****************************************************************/
/*函数名称：On2zhihua()
/*函数类型：void
/*函数功能：对去除边框后的图像进行灰度化与二值化
/****************************************************************/
void On2zhihua()
{
    CTESTDoc *pDoc=GetDocument();
        cdibNew=&pDoc->cdibNew;
        BYTE *pData=cdibNew->m_pData;
        int nWidth=cdibNew->GetWidth();
        int nHeight=cdibNew->GetHeight();
        int bytewidth=cdibNew->GetDibWidthBytes();
        int average=0;
        //循环每个图片的像素点，求出像素点的灰度值，如果此灰度值小于 127，则将其置为 255，
否则置为 0
        for(int i=0;i<nWidth;i++)
        {
            for(int j=0;j<nHeight;j++)
            {
    average=int(pData[j*bytewidth+i*3]*0.2+pData[j*bytewidth+i*3+1]*0.5+pData[j*bytewidth+i*3+2]*0.3);
                if(average>255)average=255;
                if(average<0)average=0;
                for(int k=0;k<3;k++)
                pData[j*bytewidth+i*3+k]=average;        //RGB 三分量相等，使其灰度化
                for(k=0;k<3;k++)
                    pData[j*bytewidth+i*3+k]=pData[j*bytewidth+i*3+k]<127?255:0;
            }
        }
        Invalidate();
}
```

4. 效果图

二值化后的效果如图 3-10 所示。

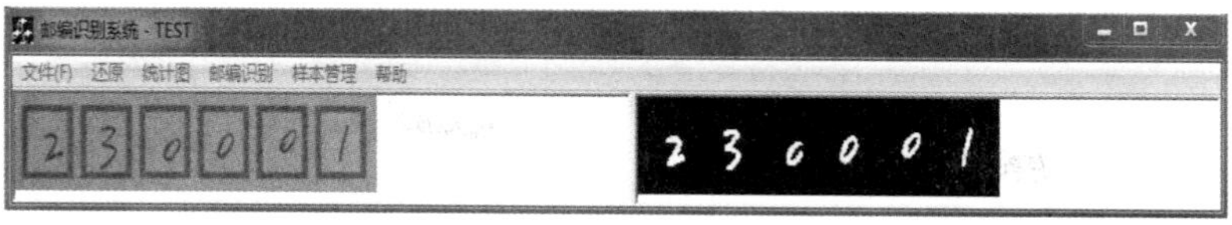

图 3-10　二值化后的效果

3.3.3 基于投影法的编码定位

1. 理论基础

邮政编码图像不但包括了组成文本的一个个数字，而且包含了数字行间距与数字间的空白，甚至还会带有各种噪声点，这就需要采用一定的处理技术，将一个个数字切分出来，形成单个数字的点阵图像，以便进一步地识别处理。

图像编码定位处理的任务是把含有多行或多个字符的图像分成有意义的区域，使每个字符从整个数字图像中分割出来，成为单个字符，将标准的单个字符输入到字符识别模块，为进一步提取目标区域图像的特征打下基础。数字图像编码定位的主要方法有基于彩色图像色彩信息定位的方法、基于灰度图二值化的方法和基于边缘检测的方法等。

本系统对数字图像的编码定位是对二值化图像进行水平方向投影与垂直方向投影，通过分析投影图，进行编码定位处理。具体实现方法是统计邮编数字水平、垂直方向的白色像素个数，根据白色像素个数绘制出水平投影图与垂直投影图，定位出一个个具体数字所在位置，作为单个数字图像进行识别的输入数据。图 3-11 所示为二值化数字图像水平投影图与垂直投影图。

首先对二值图做水平方向的投影，即按行对其白色像素个数进行累加。假设二值图像为 $M \times N$ 的矩阵，对其进行水平投影计算：

$$f(j)=\sum_{i=1}^{M} f(i,j) \tag{3-1}$$

式中，$f(i,j)$为图像中白色像素的个数。按照式（3-1）进行计算后，可得到水平投影图。

然后对二值图做垂直方向的投影，即按列对其白色像素个数进行累加。假设二值图像为 $M \times N$ 的矩阵，对其进行垂直投影计算：

$$f(i)=\sum_{j=1}^{M} f(i,j) \tag{3-2}$$

式中，$f(i,j)$为图像中白色像素的个数。按照式（3-2）进行计算后，可得到垂直投影图。

在绘制出水平或垂直方向直方图投影的基础上，邮政编码数字图像的编码定位是确定邮编数字上、下、左、右的位置。

经过二值化之后，邮编数字图像中只有黑白两种颜色。水平投影是图像中每一行在 Y 轴上的投影，统计白色像素点的个数画出的图像。对水平投影图像进行分析，峰值记录了每行白色像素点的个数，曲线记录了数字上、下边缘的位置，计算其白色数据的投影值，很容易得出高度，而且每个数字都相同。垂直投影是图像中每一列在 X 轴上的投影，统计白色像素点的个数画出的图像。对垂直投影图像进行分析，峰值记录了每列白色像素点的个数，以确定邮政编码数字左、右边缘的位置。从左到右扫描投影值，当投影值从 0 变成了非 0，说明从这里开始有了数字，而且是数字的左端，记录下来这个位置的宽度值。继续扫描，到投影值从非 0 变成了 0，记录下来这个位置的宽度值，这就是这个数字的右端。重复上述过程，就可以找到每个数字在待测图中的宽度坐标。

2. 实现步骤

（1）对二值化后的图像做水平投影，记录白像素点的水平投影值。

（2）对二值化后的图像做垂直投影，记录白像素点的垂直投影值。

（3）根据垂直方向的投影值计算邮政编码的 6 个数字的左、右限。从左到右扫描投影值，投影值从 0 变成了非 0 的列作为数字的左端，投影值从非 0 变成了 0 的列作为数字的右端。

（4）根据水平方向的投影值计算邮政编码的上、下限，方法同步骤（3）。

3. 效果图

数字图像二值化后做水平投影与垂直投影的对照如图 3-11 所示。

（a）二值化后的图像

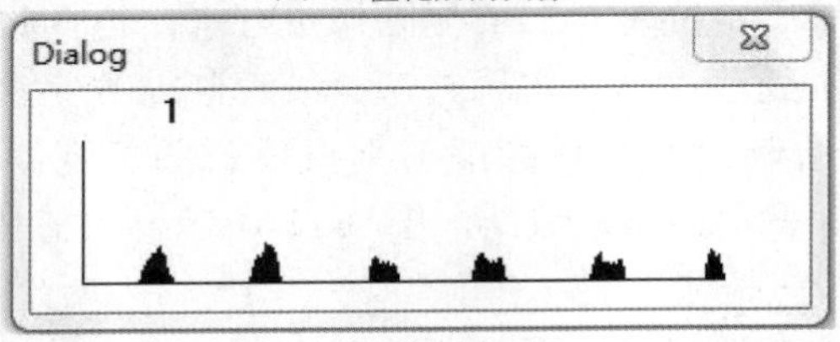

（b）水平投影图

（c）垂直投影图

图 3-11　二值化后的图像、水平投影图与垂直投影图的对照

3.3.4　数字切割

1. 理论基础

邮政编码数字图像切割与编码定位是两个不同的过程。邮编数字图像编码定位就是确定每一个数字的位置，而邮政编码数字图像切割是通过确定的每个数字位置把数字图像实际切割出来，形成 6 个独立的像元图像，以便单个邮政编码数字进行识别处理。

邮政编码识别系统的切割方法是针对编码定位后的每个数字图像的，如图 3-12（a）所示从左往右、从上往下确定 top 点（顶点）；如图 3-12（b）所示从上往下、从左往右确定 left 点（最左边点）；如图 3-12（c）所示从下往上、从右往左确定 right 点（最右边点）；如图 3-12（d）所示从右往左、从下往上确定 bottom 点（最低点），这样就可以将切割出的数据保存到新开辟的内存中。

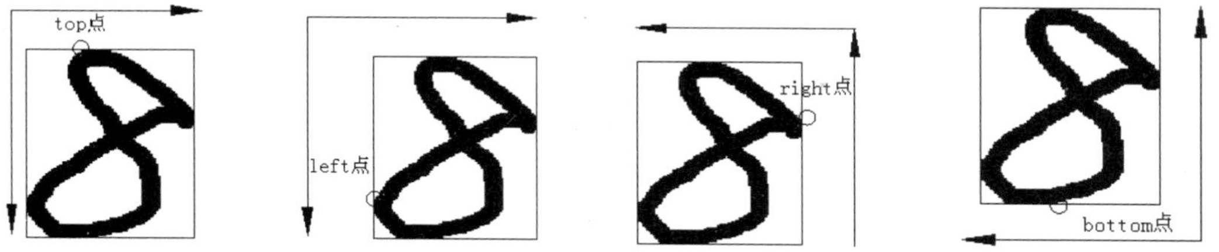

（a）确定 top 点　（b）确定 left 点　（c）确定 right 点　（d）确定 bottom 点

图 3-12　切割处理

邮政编码识别系统的切割处理流程图如图 3-13 所示。

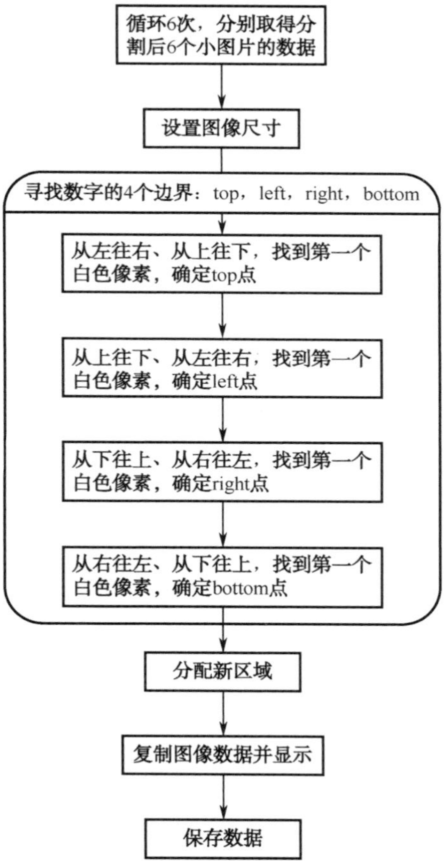

图 3-13　切割处理流程图

2. 实现步骤

（1）依次保存根据投影法定位而取得的 6 个小图片的信息。

（2）按顺序处理 6 个小图片的图像数据，首先根据上面所介绍的方法找到数字的 4 个边界。

（3）划分新的存储区，复制边界内数字的图像数据。

（4）保存 6 个小图片的图像及数据，显示切割后的数据。

3. 定位数字关键代码

```
/*******************************************************************/
/*函数名称：Qiege(CDib *pCdib)
/*函数类型：void
/*函数参数：CDib *pCdib   定位后的 6 个小图片数据区的指针
/*函数功能：切割数字
/*******************************************************************/
//找到数据区，复制数据，然后设置文件头，就可以保存了
void Qiege(CDib *pCdib)
{
    int nWidth=pCdib->GetWidth();                         //设置宽度
    int nHeight=pCdib->GetHeight();                       //设置高度
    int bytewidth=pCdib->GetDibWidthBytes();              //求得每行的字节数
    int os=nWidth*3%4==0?0:4-nWidth*3%4;                  //设置偏移量
    BYTE *temp=new BYTE[pCdib->GetSize()];                //开辟新内存，保存切割数据
    memcpy(temp,pCdib->m_pData,pCdib->GetSize());         //置 0
    int top=0,left=0,right=nWidth,bottom=nHeight;         //图像的尺寸
for(int i=0;i<nHeight;i++)                                //从上往下、从左往右，找到 left 点
    {
        for(int j=0;j<nWidth;j++)
        {
            if(temp[i*bytewidth+j*3]==255)
            {
                top=i;
                i=nHeight;
                break;
            }
        }
    }
for(i=0;i<nWidth;i++)                                     //从左往右、从上往下，找到 top 点
    {
        for(int j=0;j<nHeight;j++)
        {
            if(temp[j*bytewidth+i*3]==255)
            {
                left=i;
                i=nWidth;
                break;
            }
        }
```

```
}
for(i=nHeight-1;i>=0;i--)                                //从右往左、从下往上，找到 bottom 点
{
    for(int j=0;j<nWidth;j++)
    {
        if(temp[i*bytewidth+j*3]==255)
        {
            bottom=i;
            i=-1;
            break;
        }
    }
}
for(i=nWidth-1;i>=0;i--)                                 //从下往上、从右往左，找到 right 点
{
    for(int j=0;j<nHeight;j++)
    {
            if(temp[j*bytewidth+i*3]==255)
        {
            right=i;
            i=-1;
            break;
        }
    }
}
//////////////////////////////////////////////////////////////////////////////
int w=right-left;
int h=bottom-top;
int lNewLineBytes = WIDTHBYTES(w * 24);
pCdib->pDib=new BYTE[lNewLineBytes*h+40];
pCdib->m_pData=pCdib->pDib+40;
memset(pCdib->m_pData,0,lNewLineBytes*h);
for(int j=0;j<h;j++)
{
    memcpy(&(pCdib->m_pData[j*lNewLineBytes]),&(temp[(top+j)*bytewidth+left*3]),w*3);
}
pCdib->m_pRGB=NULL;
pCdib->m_pBitmapInfoHeader=(BITMAPINFOHEADER*)pCdib->pDib;
memcpy(pCdib->m_pBitmapInfoHeader,cdibNew->m_pBitmapInfoHeader,40);
pCdib->m_pBitmapInfoHeader->biHeight=h;
pCdib->m_pBitmapInfoHeader->biWidth=w;
pCdib->m_pBitmapInfoHeader->biSizeImage=h*bytewidth;//w*h*3+(w*3%4==0?0:h*(4-w*3%4));
pCdib->m_pBitmapInfo=(BITMAPINFO*)pCdib->pDib;
```

```
        memcpy(&pCdib->bitmapFileHeader,&cdibNew->bitmapFileHeader,14);
        pCdib->bitmapFileHeader.bfSize=54+h*bytewidth;//w*h*3+(w*3%4==0?0:h*(4-w*3%4));
}
```

4. 切割关键代码

```
//******************************************************************
//*通过 OnFenge()函数实现
//*count_h 记录垂直投影值，count_w 记录水平投影值
//******************************************************************
void OnFenge()
{
    if(GetDocument()->isRead&&setup==2)
    {
        setup=3;
        CTESTDoc *pDoc=GetDocument();
        cdibNew=&pDoc->cdibNew;
        int nWidth=cdibNew->GetWidth();
        int nHeight=cdibNew->GetHeight();
        int bytewidth=cdibNew->GetDibWidthBytes();
        int *count_h=new int[nHeight];                    //垂直投影值
        int *count_w=new int[nWidth];                     //水平投影值
        memset(&count_h[0],0,nHeight*sizeof(int));
        memset(&count_w[0],0,nWidth*sizeof(int));
        int i;
        for(i=0;i<nWidth;i++)
        {
            for(int j=0;j<nHeight;j++)
            {
                if(cdibNew->m_pData[j*bytewidth+i*3]==255)
                    count_w[i]++;
            }
        }
        for(i=0;i<nHeight;i++)
        {
            for(int j=0;j<nWidth;j++)
            {
                if(cdibNew->m_pData[i*bytewidth+j*3]==255)
                    count_h[i]++;
            }
        }
        //检测邮政编码 6 个数字左、右侧的位置（保存保留位）
        int posx[12]={0},posy[2]={0};
        i=0;
```

```
            for(int j=0;j<nWidth;j++)
            {
                if(count_w[j]>0&&count_w[j-1]==0)
                {
                    posx[i*2]=j-2;
                }
                if(count_w[j]>0&&count_w[j+1]==0)
                {
                    posx[i*2+1]=j+2;
                    if(posx[i*2+1]-posx[i*2]<8) i--;
                    i++;
                    if(i>6)break;
                }
            }
        //检测邮政编码的上限和下限
        for(j=0;j<nHeight;j++)
        {
            if(count_h[j]>0&&count_h[j-1]==0)posy[0]=j-2;        //下限
            if(count_h[j]>0&&count_h[j+1]==0)posy[1]=j+2;        //上限
        }
        for(i=0;i<6;i++)
        {
            int w=posx[i*2+1]-posx[i*2];
            int h=posy[1]-posy[0];
            // 计算新图像每行的字节数
            int lNewLineBytes = WIDTHBYTES(w * 24);
            res[i].pDib=new BYTE[lNewLineBytes*h+40];
            res[i].m_pData=res[i].pDib+40;
            memset(res[i].m_pData,0,lNewLineBytes*h);
            for(int j=0;j<h;j++)
            {
memcpy(&(res[i].m_pData[j*lNewLineBytes]),&(cdibNew->m_pData[(posy[0]+j)*bytewidth+posx[i*2]*3]),w*3);
            }
            res[i].m_pRGB=NULL;
            res[i].m_pBitmapInfoHeader=(BITMAPINFOHEADER*)res[i].pDib;
            memcpy(res[i].m_pBitmapInfoHeader,cdibNew->m_pBitmapInfoHeader,40);
            res[i].m_pBitmapInfoHeader->biHeight=h;
            res[i].m_pBitmapInfoHeader->biWidth=w;
    res[i].m_pBitmapInfoHeader->biSizeImage=h*lNewLineBytes; //w*h*3+(w*3%4==0?0:h*(4-w*3%4));
            res[i].m_pBitmapInfo=(BITMAPINFO*)res[i].pDib;
            memcpy(&res[i].bitmapFileHeader,&cdibNew->bitmapFileHeader,14);
        res[i].bitmapFileHeader.bfSize=54+h*lNewLineBytes;        //w*h*3+(w*3%4==0?0:h*(4-w*3%4));
            //将第 i 个数字调用切割函数将其复制出来，并保存
```

```
            Qiege(&res[i]);
            CString fileName=pDoc->curPathName+"\\bmp\\";
            fileName=fileName+char('1'+i)+".bmp";
            res[i].SaveFile(fileName);
        }
        delete []count_h;
        delete []count_w;
        isOK=TRUE;
        Invalidate();
    }
}
```

5. 效果图

数字切割的效果如图 3-14 所示。

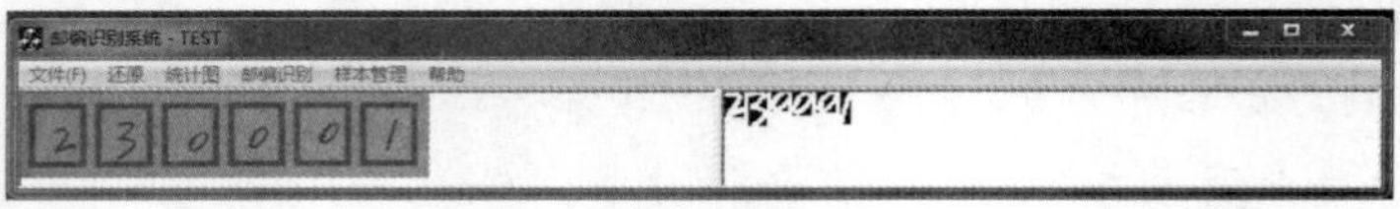

图 3-14　数字切割的效果

3.4 邮政编码样品特征提取与特征库

3.4.1 邮政编码样品特征提取

预处理后，每个数字图像基本上保持了原有数字字符的形状。特征提取就是将数字图像转换为一组特征值的过程。特征提取面临着以少量维数的特征向量提供尽可能高的图像识别能力。邮政编码识别系统的关键在于邮编数字的特征提取，它基本上决定了识别系统的性能和识别精确度，甚至还可能影响整个系统识别的成功与否。

本邮政编码识别系统是基于对单个数字识别的。对于数字识别所采用的方法是在每个数字图像上提取特征值，搜索该样品的宽度和高度。定义一个 6×6 模板，将每个样品的长度和宽度分为 6 等份，共为 36 等份，如图 3-15（a）所示，对于每个等份小区域内的目标像素个数进行统计，并除以每一份区域的面积总值，得到特征初值。如果特征值大于 20%的初始阈值，则所对应的模板值设为 1，即获得此数字的对应特征模板，如图 3-15（b）所示。

（a）对样品分成 6×6 的区域　　（b）6×6 模板特征值示意图

图 3-15　邮政编码 6×6 模板提取特征法

采用模板方法的优势是对于同一形状和不同大小的样品，得到的特征值相差不大，有能力将同一形状和不同大小的样品视为同类，所以要求数字至少在宽度和长度上大于 5 个像素，否则将无法正确分类。

3.4.2 构建邮政编码样品特征库

1. 构建特征库的必要性

模式识别的监督学习方法需要训练过程和学习过程，训练和学习在模式识别中是很重要的两个过程。训练集是一个已知样品集，它起到开发模式分类器的作用。首先要设计分类器，构建训练集特征库，通过训练样品所提供的数据，不断调整分类器的参数，计算某种准则数学公式的最优解；而分类器则通过这个最优解得到相关的参数，利用此参数设计的分类器能达到设计准则的极值。

邮政编码识别系统采取监督学习方法，输入一定数量的样品，构成相关的训练集，即由一些类别已知的数字组成训练样品集。建立判别函数，利用训练集中每个样品特征及其所属的类别，使判别函数在某一准则下达到最优解，得到分类器的相关参数。利用训练学习好的分类器能对未知手写邮政编码数字进行分类。

2. 采集训练集

为了提高邮政编码识别系统的识别率，需要将大量手写数字样品加入到样品库中。这样，未知类别的手写邮政编码数字可以与建立的样品库进行匹配，提高对手写邮政编码数字的识别率。

在训练集采样时，选取不同人在信封上手写 0～9 这 10 类数字的邮政编码，或同一人采用不同方式书写邮政编码，作为训练集，分别利用前面讲过的方法进行特征提取，主要步骤如下。

（1）确定手写邮政编码数字位置。

（2）获取邮政编码数字特征。

（3）将特征及类别保存到样品库中。

如图 3-16 所示，本系统采用“新增样品”对话框作为取得邮政编码训练集的窗口，在此窗口中，用户可以书写一个数字，也可以打开一个图像编码定位后的数字位图。

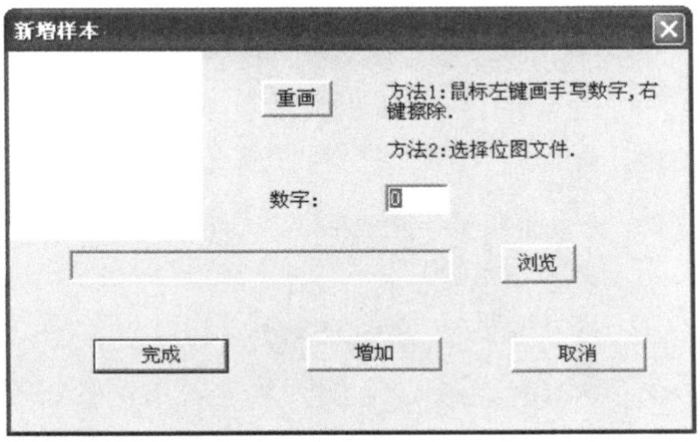

图 3-16 “新增样品”对话框（1）

（1）书写一个数字，如图 3-17 所示，在左上角空白区域，用户可以利用鼠标左键直接书写数字，利用鼠标右键可以直接擦除数字。写好数字后，选择对应的数字类别，单击“增加”按钮，就可以进行特征提取，把新建立的样品特征存放到样品库中。如果需要重新书写数字，可单击“重画”按钮。

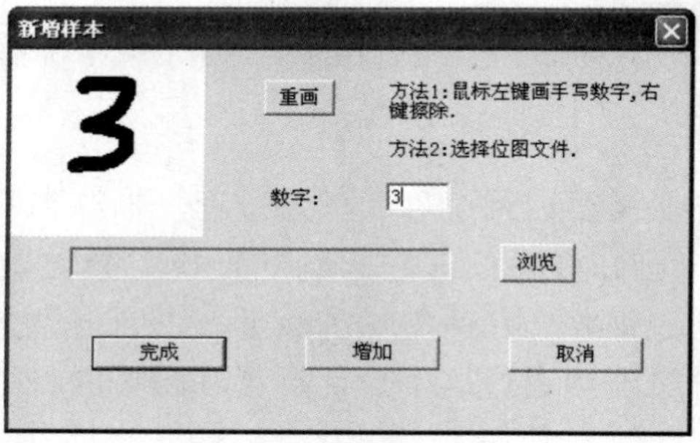

图 3-17 “新增样品”对话框（2）

（2）打开邮政编码数字位图，如图 3-17 所示，用户可以单击“浏览”按钮，在邮政编码数字文件夹 bmp 中提供了系统识别过程中所分割的数字图像位图。

3. 训练集中每个样品的特征提取

邮政编码数字特征提取是提取每个数字的 6×6=36 维特征，手写邮编数字特征提取的步骤如下。

（1）搜索数据区，找出手写邮编数字上、下、左、右边界。

（2）将数字区域平均分为 6×6 个小区域。

（3）计算 6×6 的每个小区域中黑色像素所占比例。第一行的 6 个比例值保存到特征值的前 6 个，第二行对应着特征的 7～12 个，以此类推，构建 36 维特征。

如果需要观察所建训练集特征情况，选择菜单“样品管理”中的“编辑样品”命令，在左视图可以显示邮政编码数字和打开数字图像的样品特征，如图 3-18 所示。

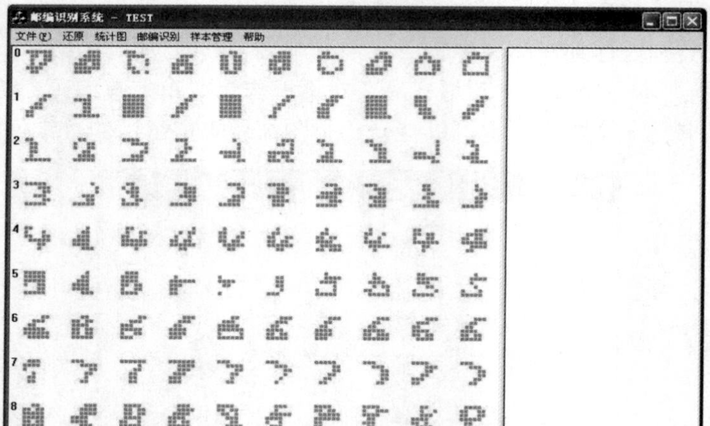

图 3-18 显示样品库

4. 编辑样品

在“样品管理”菜单中选择“编辑样品”命令，显示“编辑样品”对话框，如图 3-19 所示，在“编辑样品”对话框中可以进行以下操作。

（1）在列表框中选择相应的数字，可以显示本类数字所保存的样品。

（2）指向样品后双击鼠标左键，可以删除该样品。

（3）单击“全部删除”按钮，可以清空样品库。

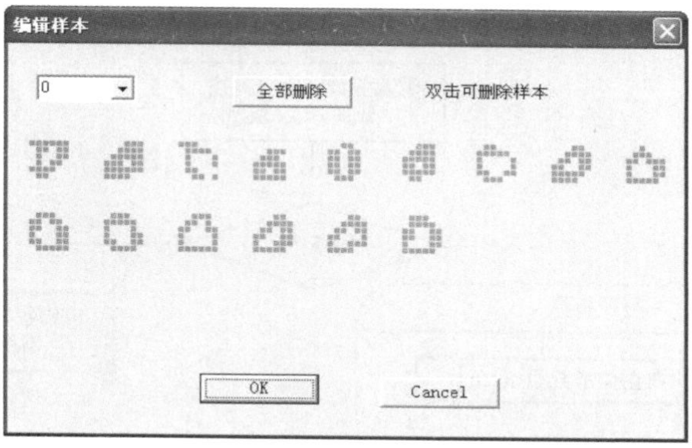

图 3-19 “编辑样品”对话框

3.5 邮政编码识别实现

1. 理论基础

模板匹配法把样品训练库中的所有样品看成标准样品，将待测样品与训练库中的样品依次逐个进行比较，根据判别函数的计算结果，找到与待测样品最相似和最接近的样品。在邮政编码识别系统中，样品库有 0～9 共 10 个类。每个类中有 n 个训练样品，待分类样品与 0～9 每个类中的每个训练进行比较，以确定待分类样品属于 0～9 的某一类。当发现样品库中某一数字的特征向量与待分类样品特征相匹配时，就能确定所属的类别。如果在样品库中没有与被识别数字相匹配的标准数字存在，则无法识别。在无法识别的情况下，可以通过学习，把无法识别的数字的特征以模板位图文件的形式加入到模板库中，以后如果再遇到具有同样特征的数字时，就可以进行识别了。

本章介绍的邮政编码识别系统的分类器是基于模板匹配法来设计的，通过度量输入的数字图像与模板之间的相似性，取相似性最大的作为输入数字图像所属类别。

邮政编码识别系统模板匹配分类器设计流程图如图 3-20 所示。

（1）取出其中的特征值。首先找到每个邮政数字的起始位置，并搜索该数字的宽度和高度，此时的数字成为样品，将每个样品的长度和宽度分为 6 等份，构成一个 6×6 均匀小区域，即形成 6×6 的模板。对每个小区域中白色像素的个数进行统计，并除以该小区域的面积总数，即可得特征值；如果白色像素的数量大于 20%（初始阈值），则此块全部设置为 1，否则设置为 0。

（2）利用识别函数进行匹配，最相似的数字为识别数字。将待测数字与 0～9 的每个样品匹配，获得 10 个数字中相似度最大数，这个数字相似度必须大于 95%。如果相似度大于 95%，则识别成功，否则识别失败。

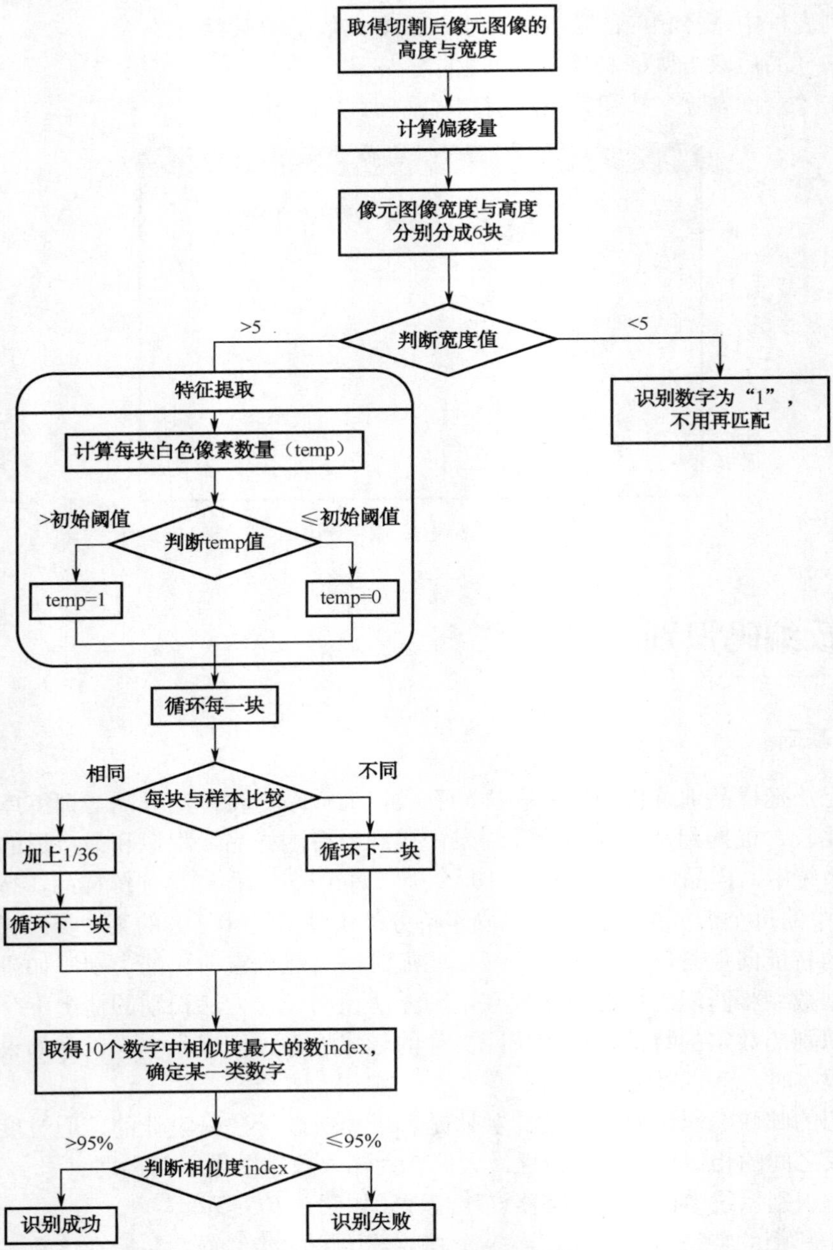

图 3-20　邮政编码识别系统模板匹配分类器设计流程图

2. 实现步骤

（1）读取特征库文件“data.dat”的数字特征。

（2）将邮政编码数字图像进行编码定位。

（3）分别提取每个数字图片的特征值。首先找到每个邮政编码数字的起始位置，并搜索该数字的宽度和高度，若数字块图片的宽度大于 5，则将每个样品的长度和宽度分为 6 等份，构成一个 6×6 的均匀小区域，即形成 6×6 的模板块，对每个小区域中白色像素的个数进行统计，并除以该小区域的面积总数，即可得特征值；循环计算每块白像素点的个数占每块的比例，若比例大于 40%则将对应的特征值置为 1，否则置为 0；记录数字块的 36 个特征。

（4）循环计算待测样品与样品库里 10 类中所有样品的相似度，相似度存在 xiangsi[i]中。

（5）计算相似度中的最大值，若相似度大于 0.95，则将对应的类别号作为待测样品的类别，否则识别失败。

3. 关键代码

```
//识别：将待测的图片切割好以后，取出其中的特征值，使用此函数进行匹配，匹配值最大的数字就是识别出的结果。
Void Check(CDib *pCdib, char &ch)
{
    BYTE temp[36];                                      //MAX=6 的时候
    int nWitdth=pCdib->GetWidth();                      //获得宽度
    int nHeight=pCdib->GetHeight();                     //获得高度
    int offset=nWitdth*3%4==0?0:4-nWitdth*3%4;          //计算偏移量
    int w=nWitdth%MAX==0?nWitdth/MAX:nWitdth/MAX+1;     //将文件的宽分成 MAX 份，每一份的
                                                        //宽度为 w
    int h=nHeight%MAX==0?nHeight/MAX:nHeight/MAX+1;     //将文件的高分成 MAX 份，每一份的
                                                        //高度为 h
    if(nWitdth<=5)                                      //如果此文件的宽度小于等于 5，那么
                                                        //这个数字肯定是 1，不用再匹配
    {
        ch='1';
        return;
    }
    int pos=0;                                          //bmp 文件数据区的第 pos 个
    memset(temp,0,MAX*MAX);                             //将 temp 值全部置 0
    //以下循环计算被分成的每块的白色像素的数量，保存在 temp 中
    for(int i=0;i<nWitdth;i++)
    {
        for(int j=0;j<nHeight;j++)
        {
            pos=(j*nWitdth+i)*3+j*offset;
            if(pCdib->m_pData[pos]==255)
                temp[j/h*MAX+i/w]++;
        }
    }
    //如果白色像素的数量大于 40%，则此块全部置为 1
```

```
    for(i=0;i<MAX*MAX;i++)
    {
        if(temp[i]*2.5>=w*h)
            temp[i]=1;
        else temp[i]=0;
    }
    //以下进行比较
    float xiangsi[10]={0};                          //和每个数字的最大相似度全部设置为0
    float xiangsi_temp=0;                           //相似缓存变量为0
    for(i=0;i<10;i++)
    {
        xiangsi_temp=0;
        for(int j=0;j<number[i].num_count;j++)      //第 i 个类的第 j 个样品的第 k 个特征
        {
            xiangsi[i]=0;
            for(int k=0;k<MAX*MAX;k++)
            {
                if(number[i].value[j*MAX*MAX+k]==temp[k])
                    xiangsi[i]+=float(1)/(MAX*MAX);
            }
            if(xiangsi_temp<xiangsi[i])             //相似度取较大的
                xiangsi_temp=xiangsi[i];
        }
        xiangsi[i]=xiangsi_temp;
    }
    //获得 10 个数字中相似度最大数的 index
    int index=0;
    for(i=0;i<10;i++)
    {
        if(xiangsi[index]<xiangsi[i])
            index=i;
    }
    if(xiangsi[index]>0.95)                         //如果是这个数字，相似度必须大于 95%
    {
        ch='0'+index;                               //识别成功，为 index
        return;
    }
    else                                            //否则，识别失败，置为'*'
    {
        ch='*';
        return;
    }
}
```

4. 效果图

邮政编码识别效果如图 3-21 所示。

图 3-21 邮政编码识别效果

第4章 汽车牌照号码识别

4.1 汽车牌照图像数据特征分析

汽车牌照（车牌）号码识别与 OCR 系统的识别相似，虽然它的字符集小，但是由于其所处的成像环境复杂多变，对车牌图像的质量影响很大。在实际的环境中，由于受到各种因素的影响，车牌图像字符常常发生变形、缺损和字符模糊等现象，很难采集到一个完整的、清晰的原始图像。所以，汽车牌照号码识别具有相当大的难度。

影响汽车牌照号码图像质量的因素主要有以下 5 点。

（1）车体运动造成拍摄图像存在拖影模糊。

（2）车牌锈迹斑斑，或涂满污泥，使字符和字符背景产生模糊不清的现象。

（3）光线强弱变化很大，特别是可能产生反光现象，造成颜色变化。

（4）车体或车牌与摄像头角度变化，造成字符扭曲变形。

（5）车体与摄像头远近位置变化，造成字符尺寸长宽比例的变化。

因此，在车牌的识别过程中，不易依靠颜色进行识别，要综合考虑到环境的影响。通过一系列预处理手段，将车牌号码识别出来，才能够提高系统的容错能力和准确率。

汽车牌照主要有黑牌、蓝牌、黄牌和白牌 4 种。按国标规定，前车牌的 7 个字符是等大小的（特种车辆除外），均为 45mm 宽、90mm 高。也就是说，单个号码的宽高比为 1∶2，而对于整个车牌来说，宽度为 440mm，高度为 140mm，其宽高比为 3.114∶1，在实际处理中，该比值取为 3。而且每个字符之间的间隔比例也是固定的，这就为系统实现识别提供了关键条件。

标准车牌的格式是：x1x2·x3x4x5x6x7。其中，x1 是各省、直辖市的简称；x2 是英文字母；x3x4 是英文字母或阿拉伯数字；x5x6x7 是阿拉伯数字，CCD 采集到的某一车牌如图 4-1 所示。根据这些特征，识别时，分别取汉字、字母和数字模板进行匹配，最后对结果进行语法分析，确认结果的合法性，排除误识结果。

图 4-1　CCD 采集到的某一车牌

车牌定位是车牌自动识别系统中的关键技术。如果不能在图像中正确找到车牌的位置，之后的工作就无法进行。车牌定位方法的出发点是通过车牌区域的特征来识别牌照。要从一整幅图像（包括车身和背景等）中提取出车牌，必须抓住车牌的最主要特征。车牌最主要的特征应该是在相对小的范围内特征变化频繁。经过二值化处理的含有车牌的图像如图 4-2 所示。

图 4-2　经过二值化处理的含有车牌的图像

车牌区域具有以下 4 个基本特征。

（1）在一个不大的区域内密集包含多个字符。

（2）车牌字符与车牌底色形成强烈对比。

（3）车牌区域大小相对固定，区域长度和宽度成固定比例。

（4）车牌区域所在行相邻像素之间的变化（0→255、255→0）很频繁，变化总数大于一个临界值，这可以作为寻找车牌区域的一个依据。

根据我国车牌的特点，一般有 7～10 个字符（字母、汉字或数字），经过竖直边缘的提取，再进行水平扫描后，一般可得每行 25 次以上的变化率。应该紧紧抓住这个特征来完成对车牌的提取，以变化率为主，定位目标车牌。

4.2 汽车牌照号码识别系统设计

本章设计的车牌号码识别系统包含图像预处理与车牌号码识别两大过程。图像预处理包含二值化、去噪、车牌定位、字符分割和字符细化；车牌号码识别可利用模板匹配法识别出车牌字母及数字部分，如图 4-3 所示。本系统采用 VC++6.0 作为开发工具，实现汽车牌照号码识别。

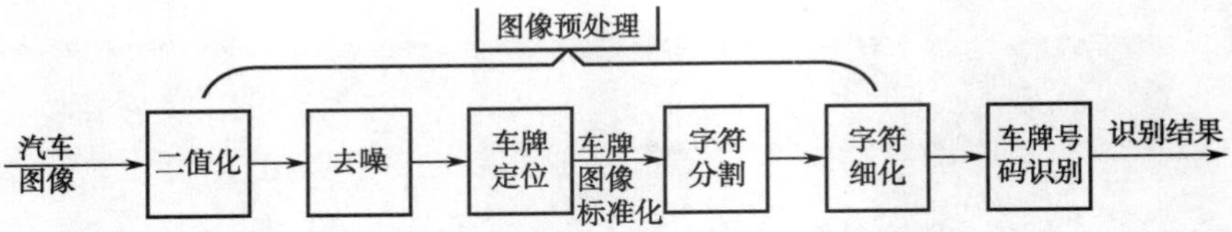

图 4-3　汽车牌照识别系统结构图

4.3 图像预处理

4.3.1　二值化

1．理论基础

目前，二值化算法有很多，几种常用的选取阈值的方法有双峰法、P 参数法、Otsu 法和迭代法等，它们各有优缺点，都是根据待处理图像的某些特征，通过某种方法确定一个阈值，从而将所需景物从背景中分离出来。阈值对二值化图像质量的影响很大，采用不同的阈值会得到不同质量的二值化效果图，字符与背景难分开的效果和字符与背景易分开的效果分别如图 4-4 和图 4-5 所示。

图 4-4　字符与背景难分开的效果

图 4-5　字符与背景易分开的效果

车牌的种类主要有黑牌、蓝牌、黄牌和白牌。本章处理的汽车牌照图片均为256位BMP位图。在二值化处理之前，首先对BMP位图采用加权系数法进行灰度化处理，然后在此基础上进行二值化处理。车牌在二值图像上表现为黑底白字与白底黑字两类。为了便于后续工作的进行，以获得统一的车牌图像，将其统一为黑底白字。

车牌最主要的特征是在相对小的范围内特征变化频繁。二值化阈值的选取应该在这个变化频繁的区域中寻找，这样才能够得到高质量、低噪声的字符分离图像。所以，本系统首先粗略选取车牌容易出现的区域，然后取该区域的平均值作为二值化阈值。

2. 实现步骤

（1）取得原图的数据区指针。

（2）对位图进行灰度化处理，修改256位BMP位图的颜色表以获得灰度图像。

（3）粗略选取车牌容易出现的区域，求出指定区域内所有像素点灰度的总和，然后求出灰度平均值，将该平均值作为阈值 T。

（4）循环整幅图像的每个像素，对于每一个像素点的灰度值，如果此灰度值小于 T，则将其置为0；否则，置为255。

3. 关键代码

```
/*****************************************************************/
/*函数名称：MakeGray()
/*函数类型：void
/*功能：对图像进行灰度化
/*****************************************************************/
void MakeGray()
{
    LPBYTE p_data;
    LPBYTE  lpSrc;
    RGBQUAD *p_RGB;
    // 指向BITMAPINFO结构的指针（Win3.0）
    LPBITMAPINFO lpbmi;
    lpbmi=m_pBitmapInfo;
    // 灰度映射表
    BYTE bMap[256];
    int i,j,;
    int wide,height;
    int DibWidth=tHSI->GetDibWidthBytes();                //取得原图的每行字节数
    p_RGB=GetRGB();
    p_data=GetData();
    wide=GetWidth();
    height=GetHeight();
    DWORD bmsize=DibWidth*height;
    if(tHSI->m_pBitmapInfoHeader->biBitCount<9)           //256色BMP位图
    {
```

```
        // 计算灰度映射表（保存各个像素的灰度值），并更新 DIB 调色板
        for (i = 0; i < 256; i ++)
        {
            // 新颜色表赋标号根据灰度来给（即为灰度值）
            bMap[i] = (BYTE)(0.299 * lpbmi->bmiColors[i].rgbRed +
                0.587 * lpbmi->bmiColors[i].rgbGreen +
                0.114 * lpbmi->bmiColors[i].rgbBlue + 0.5);
            // 修改颜色表的 RGB 分量统一
            // 更新 DIB 调色板红色分量
            lpbmi->bmiColors[i].rgbRed =(unsigned char) i;
            // 更新 DIB 调色板绿色分量
            lpbmi->bmiColors[i].rgbGreen = (unsigned char)i;
            // 更新 DIB 调色板蓝色分量
            lpbmi->bmiColors[i].rgbBlue = (unsigned char)i;
            // 更新 DIB 调色板保留位
            lpbmi->bmiColors[i].rgbReserved = 0;
        }
        // 更换每个像素的颜色索引（按照灰度映射表换成灰度值）
        // 每行
        for(j = 0; j < height; j++)
        {
            // 每列
            for(i = 0; i < wide; i++)
            {
                // 指向 DIB 第 i 行、第 j 个像素的指针
                lpSrc = p_data+j*DibWidth+i;
                // 变换
                *lpSrc = bMap[*lpSrc];
            }
        }
    }
    Else                                                    //24 位彩色
    {
    ::MessageBox(NULL,"请打开 256 色 BMP 位图",NULL,MB_OK);
    }
}

/*****************************************************************/
/*函数名称：ThreshBW256()
/*函数类型：void
/*功能：对灰度图像进行二值化
/*****************************************************************/
void ThreshBW256()
```

```
{
    LPBYTE p_data;
    // 指向源图像的指针
    unsigned char*   lpSrc;
    int wide,height,bytewidth;
    int i,j;
    int mh,mw;
    int T(0),ss(0);
    long sum(0);
    p_data=tHSI->GetData();
    wide=tHSI->GetWidth();
    height=tHSI->GetHeight();
    bytewidth=tHSI->GetDibWidthBytes();
     mh=height/3;
     mw=wide/3;
    for(i = mh; i < height-mh; i++)
    {
        // 每列
        for(j = mw; j < wide-mw; j++)
        {
            // 指向 DIB 第 i 行、第 j 个像素的指针
            sum+=*((unsigned char*)p_data + bytewidth * (height - 1 - i) + j);
            ss++;


        }
    }
    T=int(sum/ss);
    if(T<=128)
        T=128;
    else
        T=200;
    for (i=0;i<height;i++)
        for(j=0;j<bytewidth;j++)
        {
            // 指向 DIB 第 i 行、第 j 个像素的指针
            lpSrc = (unsigned char*)p_data + bytewidth * (height - 1 - i) + j;
            // 判断是否小于阈值
            if ((*lpSrc) < T)
            {
                // 直接赋值为 0
                *lpSrc = 0;
            }
            else
```

```
                {
                    // 直接赋值为255
                    *lpSrc = 255;
                }
            }
}
```

4. 效果图

汽车牌照图像二值化后的效果如图 4-6 所示。

（a）原图像

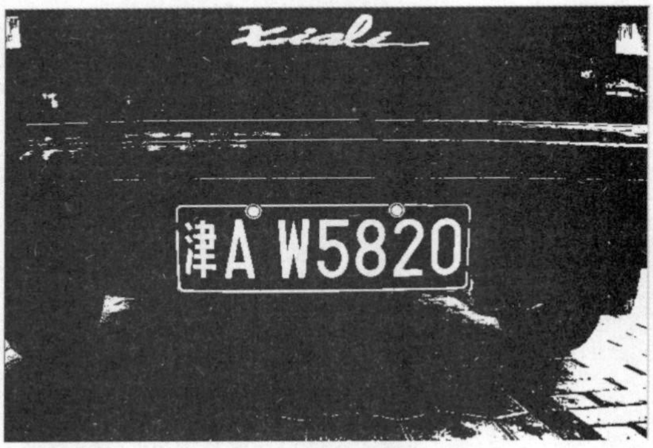

（b）二值化后的图像

图 4-6　汽车牌照图像二值化后的效果

4.3.2　去噪

1. 理论基础

汽车牌照的预处理过程与识别的准确度是紧密相连的。汽车牌照图像信息在采集过程中会受到各种干扰，并且在二值化处理后，图像会出现一些噪声和毛刺，影响图像的质量，干扰特征提取，影响识别精度。可见，降噪处理是图像处理的一个重要内容。所以，在图像预处理过程中必须滤掉这些噪声点。

本章采用超限邻域平均法对二值化图像进行去噪。当图像对应像素 3×3 邻域的均值大于阈值时，置为白；否则，置为黑。

2. 实现步骤

（1）取得二值化图像的数据区指针，循环图像的每一个像素值。
（2）计算该像素周围 3×3 邻域的 8 个像素的均值 averg。
（3）比较均值与给定阈值的大小，如果大于阈值则对应像素置为白；否则，置为黑。

3. 关键代码

```
/*************************************************************/
/*函数名称：QZ( )
/*函数类型：void
/*功能：对图像进行去噪处理
/*************************************************************/
 void QZ()
{
     BYTE *p_data;   //原图像数据区指针
     int wide,height,bytewidth;
     int averg ;
     int i,j;
     p_data=tHSI->GetData();
     wide=tHSI->GetWidth();
     height=tHSI->GetHeight();
     bytewidth=tHSI->GetDibWidthBytes();
    BYTE *p_temp=new BYTE[height*bytewidth];
     int size=bytewidth*height;
     memset(p_temp,255,size);
     for (j=1 ; j<height-1; j++)
     {
          for (i=1; i<wide-1; i++)
          {
               averg = 0;
               averg =(int) (*(p_data+(j-1)*bytewidth+i-1) + *(p_data+(j-1)*bytewidth+i)
                    + *(p_data+(j-1)*bytewidth+(i+1)) + *(p_data+j*bytewidth+(i-1))
                    + *(p_data+j*bytewidth+(i+1)) + *(p_data+(j+1)*bytewidth+(i-1))
                    + *(p_data+(j+1)*bytewidth+i)+ *(p_data+(j+1)*bytewidth+(i+1)))/8;
          //     *(p_temp+j*wide+i) =averg;
               if (averg > 128)
               {
                    *(p_temp+j*bytewidth+i) = 255;
               }
               else
               {
                    *(p_temp+j*bytewidth+i) = 0;
               }
```

```
            }
        }
        memcpy(p_data,p_temp,size);
        delete p_temp;
}
```

4. 效果图

二值化后图像去噪效果如图 4-7 所示。

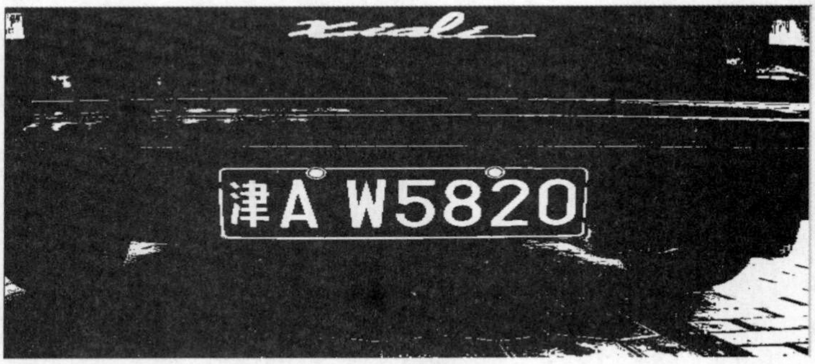

（a）去噪前二值化图像

（b）去噪后图像

图 4-7　二值化后图像去噪效果

4.3.3　车牌定位

1. 理论基础

车牌定位的难点在于图像模糊和噪声的干扰，车牌定位的准确性将影响车牌识别的准确度。应该根据实际情况，选择适合的定位方法。车牌图像经过二值化处理和去噪后，车牌区域具有以下 3 个基本特征。

（1）在一个不大的区域内密集包含多个字符。

（2）车牌字符与车牌底色形成强烈对比。

（3）车牌区域大小相对固定，区域长度和宽度成固定比例。

基于以上车牌信息特征，本系统提出基于横向扫描和纵向扫描的车牌定位算法，无须复杂的数学运算，具有车牌定位速度较快和鲁棒性较好的特点。具体分析如下。

1）横向扫描

车牌区域所在行相邻像素之间的变化（0→255、255→0）会很频繁，变化总数会大于一个临界值，这可以作为寻找车牌区域的一个依据。车牌区域的搜索有时会受车辆本身的广告和商标等图案的干扰，而车牌区域在图像中的位置一般比这些干扰所在的位置低。因此，由下至上搜索车牌区域可以有效滤除这些干扰。本算法由下至上统计每行相邻像素之间的变化数，当某行的变化数大于临界值时，则假定该行为待搜索车牌的最低行，然后继续向上搜索，当某行的变化数首次小于临界值时，则假定该行为待搜索车牌的最高行。简单横向扫描的结果如图 4-8 所示。

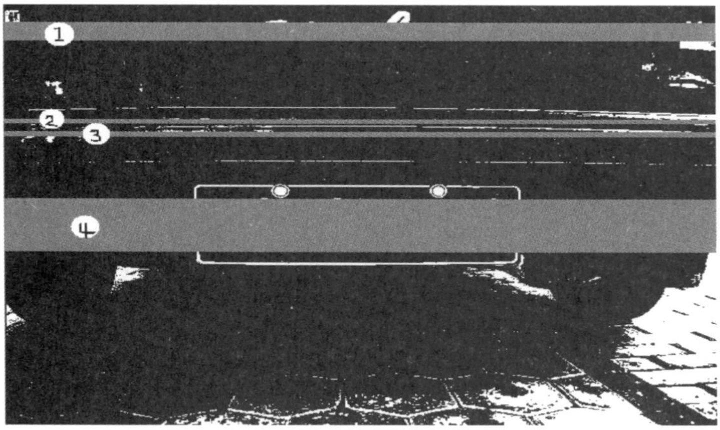

图 4-8 简单横向扫描的结果

图 4-8 中简单横向扫描得出的可能的车牌区域不止一个，该图一共有 4 个可能区域。分析各个区域。区域 1 的高度达到了一定值，有可能是车牌所在的位置，而实际上它是汽车车身上的文字“XiaLi”。区域 2 和 3 的高度太小，车牌所在位置的可能性不大，它可能是车身上无规律的间隔引起的，应该排除。

再根据该区域的长度和宽度及区域中字符的比例等特征，验证其是否为车牌区域。若验证的某个区域不是车牌区域，则按以上方法重新寻找车牌区域；若验证的某个区域是车牌区域，则把该区域从原图像中分割出来。

横向扫描后，最终判断区域 4 为车牌区域，横向扫描结果如图 4-9 所示。

图 4-9 横向扫描结果

2）纵向扫描二次定位

在假定的车牌区域最高和最低行之间的条状区域内，根据车牌宽与高的比例，首先确定左侧位置，将一个宽度为车牌宽度的窗口由左至右移动，统计窗口中每一列内相邻像素的变化总数，当点阵数目达到一定值时，假定该窗口左侧为车牌区域左侧，根据比例即可求出车牌右侧位置。

2. 实现步骤

（1）按行循环扫描整幅图像，记录每行由白变黑的变化次数超过 7 次的行。

（2）若满足条件的连续行满足给定的宽度，则认为是车牌的上限和下限。

（3）对得出的横向区域按照一定的条件截取可能的有效区，循环选定区域，记录出现白点的列数。

（4）若出现白点的列数满足一定条件，则可求得车牌左侧的位置，根据车牌宽与高的比例可求得车牌右侧的位置。

3. 关键代码

车牌的提取分为横向扫描和纵向扫描两大部分。横向扫描核心代码如下。

```
/**********************************************************************/
/*函数名称：EXTRACT()
/*函数类型：void
/*功能：计算车牌的精确位置，提取车牌二值化图像。
*该部分对给定的图像进行横向定位，最后返回行的起始位置赋给 astart，终止位置赋给 aend。
*该部分对给定的图像进行列向定位，最后返回列向的起始位置给 bstart。
*根据车牌的特征可知车牌的高与宽为固定比例，可以得到列向的终结位置 bend。
/**********************************************************************/
  void EXTRACT()
  {
     LPBYTE p_data;
     // 指向源图像的指针
     unsigned char*   lpSrc;
     int wide,height;
     LONG       lLineBytes;                          // 图像每行的字节数
     int i,j;
     p_data=GetData();
     wide=GetWidth();
     height=GetHeight();
     lLineBytes =this->GetDibWidthBytes();           // 计算图像每行的字节数
     bool in=false;                                  //在字里
     bool white=false;                               //是否有白的
     int num=0;
     int start(0),end(0),uline(0);
     // 每行
     for(i = 0; i < height; i++)
     {
          int x(0);
          // 每列
          for(j = 0; j < wide; j++)
          {
               // 指向 DIB 第 j 行、第 i 个像素的指针
```

```
            lpSrc =p_data + lLineBytes * (height - 1 - i) + j;
            if(*lpSrc == 255) white=true;
            if(in==false && white==true)
            {
                in=true;
            }
            else if(in==true && white==true)
                num++;                              //字里像素点的个数
            else if(in==true && white==false && num>2)
            {
                in=false;                           //不是白点，肯定就是在字体外了
                x++;                                //由白变黑的点的个数（变化次数）
                num=0;
            }
            white=false;
        }
        if(x>7)
        {
            if(uline==0)
                start=i;
            uline++;                                //记录其中连着变化点数超过 7 的行数
        }
        else
        {
            if(uline>=20 && (i+start)/2>=220 && (i+start)/2<=260 ) //限制车牌的范围
            {
                end=i;
                astart=start;
                aend=end;
                break;
            }
            start=0;
            uline=0;
        }
        x=0;
    }
    int mwidth,mheight,add,xx(0);
    int y(0),bleft(800),bright(0);                  // 变换次数
    int label(0);
    label=0;
    mheight=end-start+1;                            //截取的高度
    if(mheight>=60)
    {
```

```
        mwidth=(int)(mheight*4.8);
        add=(wide-mwidth)/2;
    }
    else
    {
        mwidth=mheight*8;                          //7
        add=(wide-mwidth)/2;                       //-5
    }
    add=(wide-mwidth)/2;
    for(j=add;j<mwidth+add;j++)
    {
       if (label==1)
       break;
        for(i=astart;i<mheight+astart;i++)
        {
            lpSrc =p_data + lLineBytes * (height - 1 - i) + j;
            if(*lpSrc==255)
            {
                xx++;                              //记录出现白像素点的列数
                break;
            }
            else
            {
            if (xx>(mheight/2-10) && xx<(mheight/2+10))
                {
                        bleft=j-xx;
                    bstart=bleft;                  //起始点
                    label=1;
                    break;
                }
        }
            if(i==mheight+astart-1)
            {
                xx=0;
            }
        }
    }
    int a=1;
      mwidth=(int)(mheight*4.8);
    //下面的代码实现剪切的功能
    int w,h;
    int lNewLineBytes;
    w=mwidth;
```

```
        h=mheight;
        // 计算新图像每行的字节数
        lNewLineBytes = WIDTHBYTES(w * 8);
        BYTE *temp=new BYTE[lNewLineBytes*h];
        memset(temp,0,sizeof(temp));
        for (j = 0; j < h; j++)
        {
                for (i = 0; i < w; i++)
                {
                        temp[lNewLineBytes*(h-1-j)+i]=
                        p_data[    lLineBytes*(height-1-(astart+j))+(bleft+i)];
                }
        }

        *p_data=*temp;
        m_pBitmapInfoHeader->biHeight=h;
        m_pBitmapInfoHeader->biWidth=w;
        memcpy(p_data,temp,lNewLineBytes*h);
        delete[] temp;
}
```

4. 效果图

提取车牌的效果如图 4-10 所示。

图 4-10 提取车牌的效果

4.3.4 车牌图像标准化

1. 理论基础

车牌字符图像的尺寸一般都不一样，如果采用模板匹配算法，就需要构造尺寸大小不同的模板，但预先构造这些模板几乎是不可能的。因此，首先为每类字符构造一个标准模板，对所分割图像进行缩放，得到与标准匹配模板相对应的尺寸。

大小归一化（缩放）常用的方法有两种。一种是将字符的外边框按比例线性放大或缩小到标准字符尺寸。在车牌字符中，字符的宽度是不确定的，如字符“1”和“0”的宽度，但字符的高度均相同。因此，可根据字符的高度来进行大小归一化。另一种是根据水平和垂直两个方向字符像素的分布进行大小归一化。其基本方法是，首先计算字符的质心，然后计算水平和垂直方向的散度，最后按比例将字符线性放大或缩小到标准散度。本小节将采用第一种方法。

2. 实现步骤

（1）根据给定的高度与提取车牌的高度计算缩放的比例，宽度与高度同比例缩放。
（2）计算缩放后存储图像所需的大小，开辟新的缓冲区。
（3）循环整幅图像，计算新图像的像素点在源图像中的像素位置，并赋灰度值。
（4）修改数据区指针及图像大小。

3. 关键代码

```
/****************************************************************/
/*函数名称：Zoom(int H)
/*函数类型：void
/*参数说明：H，给定模板的高度
/*功能：对提取的车牌大小进行标准化处理
/****************************************************************/
void Zoom(int H)
{
    LPBYTE p_data;
    // 缩放比率
    float fXZoomRatio;
    float fYZoomRatio;
    int wide,height,bytewidth;
    int lNewHeight,lNewWidth,lNewLineBytes;
      int i,j,i0,j0;
    p_data=tHSI->GetData();
    wide=tHSI->GetWidth();
    height=tHSI->GetHeight();
    bytewidth=tHSI->GetDibWidthBytes();
    fYZoomRatio=(H/(float)(height));
    fXZoomRatio=fYZoomRatio;
    // 此处直接加 0.5 是由于强制类型转换时不进行四舍五入，而是直接截去小数部分
    lNewWidth = (int) (wide * fXZoomRatio + 0.5);
    // 计算新图像每行的字节数
    lNewLineBytes = WIDTHBYTES(lNewWidth * 8);
    // 计算缩放后的图像高度
    lNewHeight = (int) (height * fYZoomRatio + 0.5);
    BYTE *temp=new BYTE[lNewLineBytes*lNewHeight];
    memset(temp,0,sizeof(temp));
    // 针对图像每行进行操作
    for(i = 0; i < lNewHeight; i++)
        // 针对图像每列进行操作
        for(j = 0; j < lNewWidth; j++)
```

```
		{
			// 计算该像素在源 DIB 中的坐标
			i0 = (LONG) (i / fYZoomRatio + 0.5);
			j0 = (LONG) (j / fXZoomRatio + 0.5);
			// 判断是否在源图像范围内
			if( (j0 >= 0) && (j0 < wide) && (i0 >= 0) && (i0 < height))
			{
				// 指向源 DIB 第 i0 行、第 j0 个像素的指针
			temp[lNewLineBytes * (lNewHeight - 1 - i) + j] = p_data [bytewidth * (height - 1 - i0) + j0];
			}
			else
			{
				// 对于源图像中没有的像素，直接赋值为 255
				* temp = 255;
			}
		}
		*p_data=*temp;
		m_pBitmapInfoHeader->biHeight=lNewHeight;
		m_pBitmapInfoHeader->biWidth=lNewWidth;
		memcpy(p_data,temp,lNewLineBytes*lNewHeight);
		delete[] temp;
}
```

4. 效果图

标准化车牌图像如图 4-11 所示。

（a）标准化前车牌

（b）标准化后车牌

图 4-11 标准化车牌图像

4.3.5 字符分割

1. 理论基础

车牌定位之后的图像还是一个整体，包括文字和文字之间的空白。对于已提取出来的车牌中的字符，需要进行字符分割。把单个字符从车牌字符串中分离出来，往往面临着字符断裂和黏连等困难。字符黏连的分割问题如图 4-12 所示。需要考虑很多因素，如下所述。

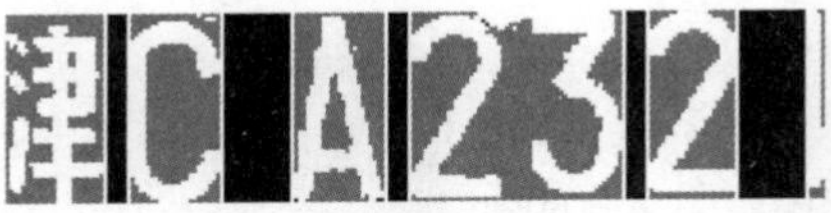

图 4-12　字符黏连的分割问题

（1）排除尺寸大小或长宽比例不符合车牌字符特征的连通域，滤除大部分噪声点的干扰。

（2）确定车牌字符精确的起始行与结束行位置，排除车牌安装螺钉对第二和第六个字符的干扰。

（3）充分利用车牌字符的位置和顺序信息，查找连通域漏检的字符，排除干扰区域。

大部分字符分割的算法以垂直投影、字符间隔及尺寸的测定、轮廓分析或分割识别组合技术为基础。垂直投影积分法是常用的车牌字符分割方法。其基本方法是利用字符与字符之间的空白间隔在图像行垂直投影上形成空白间隙，从而将单个字符的图像切割出来。

但是，很多汉字是由左、右两部分构成的二分字或由左、中、右三部分组成的三分字。如“津”为二分字，“川”为三分字。这些二分字和三分字的图像垂直投影在一个单字内部也会出现空白间隙，因而单纯使用垂直投影空白间隙切分汉字的切割算法，可能将这些二分字或三分字误分。为了解决这一问题，利用字间的间隔一般大于字内间隔这一特点将二者区分。也可利用回扫式字切割方法：字符的高宽比有一定的范围，具有大致均匀的尺寸，用车牌高度代替字符高度估计字的宽度，以此估计出下一个字符的大致位置。用这种分割汉字的算法，可以基本上克服误切分问题。

对于字符黏连的情况，要根据标准字符宽度及各个字符间的固定比例等的关系进行调整，就能够很好地解决问题。

2. 实现步骤

（1）按列扫描车牌，检测车牌内部的点及边缘与字体不接触的最近的黑点。

（2）若当前点的左、右、上、下、侧均有白点，则认为该点是属于字符内部的点，且根据标识符判断字符的边缘点，将该边缘点所在的列号赋给 Pos[k]；

（3）修正一些误判情况。

① 若为两个字黏连的情况，则将两个字符均设为 29 宽，并求得其实际列号。

② 修正由于第二个字符和第三个字符之间的安装螺丝钉而影响到的距离。

③ 若两字符之间的距离过小，则默认为二分字或三分字，进行字符合并。

（4）循环计算 7 个字符，将 14 个位置信息保存在 Pos[14]里。

3. 关键代码

字符分割核心代码说明如下。

```
/*****************************************************************/
*通过调整字体大小函数实现
* long Pos[14] 为设置的全局变量，记录车牌 7 个字符的起始和终止位置
/*****************************************************************/
void PicCut()
 {
    LPBYTE p_data;                          // 指向源图像的指针
```

```
unsigned char*    lpSrc;
int wide,height,bytewidth;
int i,j;                                   // 中间变量
FLOAT      fTemp;                          // 线性变换的斜率
FLOAT fA;                                  // 线性变换的截距
FLOAT fB;                                  // 反色操作的线性变换的方程是-x + 255
fA = -1.0;
fB = 255.0;
p_data=CDibNew1->GetData();
wide=CDibNew1->GetWidth();
height=CDibNew1->GetHeight();
bytewidth=CDibNew1->GetDibWidthBytes();
//计算 7 个字符的起始和终止位置
bool in=false;                             //在字里；
bool white=false;                          //是否有白点
int k=0;
// 每列
for(i = 1; i < wide-1; i++)
{
    // 每行
    for(j = 1; j < height-1; j++)
    {
        // 指向 DIB 第 j 行、第 i 个像素的指针
        lpSrc = (unsigned char*)p_data + bytewidth*(height - 1 - j) + i;
        if(*lpSrc == 255)
        {
            lpSrc=p_data + bytewidth * (height - 1 - j+1) + i;                    //上
            if(*lpSrc == 255)
            {
                white=true;
                break;
            }
            lpSrc=(unsigned char*)p_data + bytewidth*(height - 1 - j-1) + i;       //下
            if(*lpSrc == 255)
            {
                white=true;
                break;
            }
            lpSrc=(unsigned char*)p_data + bytewidth*(height - 1 - j) + i-1;       //左
            if(*lpSrc == 255)
            {
                white=true;
                break;
            }
```

```
                    lpSrc=(unsigned char*)p_data + bytewidth*(height - 1 - j+1) + i;        //右
                    if(*lpSrc == 255)
                    {
                        white=true;
                        break;
                    }
                }
            }
            if(in==false && white==true && k<14)                                    //首次检测到字的内部
            {
                in=true;
                Pos[k]=i;
                //if(k>0 && k%2==0 && (Pos[k]-Pos[k-1]+1)<4) k-=2;           //修正二分字和三分字的情况
                k++;
            }
            else if(in==true && white==false && k<14)                               //字体以外
            {
                in=false;
                Pos[k]=i-1;
                if((Pos[k]-Pos[k-1]+1)>58 && k%2==1)                                //两个字出现黏连的情况，
                                                                                    //根据距离强行分割
                {
                    Pos[k+2]=Pos[k];
                    Pos[k+1]=Pos[k+2]-29;                                           //间距 29
                    Pos[k]=Pos[k-1]+29;
                    k+=2;                                                           //原始是没有的
                }
                else if((Pos[k]-Pos[k-1]+1)>35) Pos[k]-=6;
                else if((Pos[k]-Pos[k-1]+1)<20 && k==5) k-=2;                       //去除安装车牌螺丝钉的干扰
                else if(k>0 && k%2==1 && (Pos[k]-Pos[k-1]+1)<4) k-=2;              //修正二分字和三分字
                k++;
            }
            white=false;
        }
////////////////////////////////////////////反色变换
        for (i=0;i<height;i++)
            for(j=0;j<bytewidth;j++)
            {
                // 指向 DIB 第 i 行、第 j 个像素的指针
                lpSrc = (unsigned char*)p_data + bytewidth * (height - 1 - i) + j;
                // 线性变换
                fTemp = fA * (*lpSrc) + fB;
                // 判断是否超出范围
```

```
                if (fTemp > 255)
                {
                    // 直接赋值为 255
                    *lpSrc = 255;
                }
                else if (fTemp < 0)
                {
                    // 直接赋值为 0
                    *lpSrc = 0;
                }
                else
                {
                    // 四舍五入
                    *lpSrc = (unsigned char) (fTemp + 0.5);
                }
            }
    Invalidate();
}
```

4. 效果图

车牌字符分割后的效果如图 4-13 所示。

图 4-13　车牌字符分割后的效果

4.3.6　字符细化

1. 理论基础

在图像处理中，形状信息是十分重要的。为了便于描述和提取特征，对于那些细长的区域常用类似骨架的细线来表示，这些细线位于图形的中轴附近，而且从视觉上仍然保持原来的形状，这种处理就是所谓的细化。细化的目的是要得到与原来区域形状近似的、由简单的弧和曲线组成的图形。

细化算法实际上是一种特殊的、多次迭代的收缩算法。但是，细化的结果是要求得到一个由曲线组成的、连通的图形，这是细化与收缩的根本区别。所以，不能像收缩处理那样简单地消去所有的边界点，否则将会破坏图形的连通性。因此，在每次迭代中，在消去边界点的同时，还要保证不破坏它的连通性，即不能消去那些只有一个邻点的边界点，以防止弧的端点被消去。

2. 实现步骤

（1）循环整幅图像，判断当前黑像素点周围的5×5邻域内的黑像素情况。

（2）如果当前像素为黑，则定义一个5×5的结构元素，计算5×5的结构元素中各个位置上的像素值，为防止越界，不处理外围的2行、2列像素，从第3行第3列开始判断，将S模板中心覆盖在欲判断的像素上。如果S模板所覆盖的位置下，像素值为白，则判断为背景，在S上同样的位置处置0；否则，判断为目标，置1。

3. 关键代码

```
/*****************************************************************/
/*函数名称：THINNING()
/*函数类型：void
/*功能：对提取的车牌进行细化处理
/*****************************************************************/
void THINNING()
{
    // 循环变量
    LONG i,j,m,n;
    // 循环跳出标志
    BOOL fp=TRUE;
    // 指向DIB像素指针
    LPBYTE    p_data;
    // 指向源图像的指针
    LPBYTE    lpSrc;
    // 指向缓存图像的指针
    LPBYTE    lpDst;
    // 指向缓存DIB图像的指针
    LPBYTE    temp;
    // 4个条件
    BOOL bCondition1;
    BOOL bCondition2;
    BOOL bCondition3;
    BOOL bCondition4;
    //计数器
    unsigned char nCount;
    //像素值
    unsigned char pixel;
    //5×5相邻区域像素值
    unsigned char neighbour[5][5];
    // 找到DIB图像像素起始位置
    p_data = tHSI->GetData ();
    // DIB的宽度
    LONG wide = tHSI->GetWidth ();
```

```
// DIB 的高度
LONG height = tHSI->GetHeight ();
LONG bytewidth=tHSI->GetDibWidthBytes();
// 暂时分配内存，以保存新图像
temp = new BYTE [bytewidth *height];
// 初始化新分配的内存，设定初始值为 255
lpDst = temp;
memset(lpDst, (BYTE)255, bytewidth   * height);
while (fp)
{
    fp = FALSE;
    // 初始化新分配的内存，设定初始值为 255
    lpDst = temp;
    memset(lpDst, (BYTE)255, bytewidth   * height);
    // 由于使用 5×5 的结构元素，为防止越界，不处理外围的 2 行、2 列像素
    for (j = 2; j < height - 2; j++)
    {
        for (i = 2 ; i < wide   - 2 ; i ++)
        {
            bCondition1 = FALSE;
            bCondition2 = FALSE;
            bCondition3 = FALSE;
           bCondition4 = FALSE;
            // 指向源图像倒数第 j 行、第 i 个像素的指针
            lpSrc = (LPBYTE)(p_data + bytewidth   *j + i);
            // 指向目标图像倒数第 j 行、第 i 个像素的指针
            lpDst = (LPBYTE)(temp + bytewidth   * j + i);
            //取得当前指针处的像素值，注意要转换为 unsigned char 型
            pixel = (unsigned char)*lpSrc;
            //目标图像中含有 0 和 255 外的其他灰度值
            if(pixel != 255 && *lpSrc != 0)
                //return FALSE;
                continue;
            //如果源图像中当前像素点为白，则跳过
            else if(pixel == 255)
                continue;
            //获得当前点相邻的 5×5 区域内的像素值，白用 0 代表，黑用 1 代表
            for (m = 0;m < 5;m++ )
            {
                for (n = 0;n < 5;n++)
                {
            neighbour[m][n] =(255 - (unsigned char)*(lpSrc + ((4 - m) - 2)*bytewidth + n - 2 )) / 255;
                }
```

```
}
//逐个判断条件
//判断 2<=NZ(P1)<=6
nCount =    neighbour[1][1] + neighbour[1][2] + neighbour[1][3] \
            + neighbour[2][1] + neighbour[2][3] + \
            + neighbour[3][1] + neighbour[3][2] + neighbour[3][3];
if ( nCount >= 2 && nCount <=6)
    bCondition1 = TRUE;
//判断 Z0(P1)=1
nCount = 0;
if (neighbour[1][2] == 0 && neighbour[1][1] == 1)
    nCount++;
if (neighbour[1][1] == 0 && neighbour[2][1] == 1)
    nCount++;
if (neighbour[2][1] == 0 && neighbour[3][1] == 1)
    nCount++;
if (neighbour[3][1] == 0 && neighbour[3][2] == 1)
    nCount++;
if (neighbour[3][2] == 0 && neighbour[3][3] == 1)
    nCount++;
if (neighbour[3][3] == 0 && neighbour[2][3] == 1)
    nCount++;
if (neighbour[2][3] == 0 && neighbour[1][3] == 1)
    nCount++;
if (neighbour[1][3] == 0 && neighbour[1][2] == 1)
    nCount++;
if (nCount == 1)
    bCondition2 = TRUE;
//判断 P2*P4*P8=0 or Z0(p2)!=1
if (neighbour[1][2]*neighbour[2][1]*neighbour[2][3] == 0)
    bCondition3 = TRUE;
else
{
    nCount = 0;
    if (neighbour[0][2] == 0 && neighbour[0][1] == 1)
        nCount++;
    if (neighbour[0][1] == 0 && neighbour[1][1] == 1)
        nCount++;
    if (neighbour[1][1] == 0 && neighbour[2][1] == 1)
        nCount++;
    if (neighbour[2][1] == 0 && neighbour[2][2] == 1)
        nCount++;
    if (neighbour[2][2] == 0 && neighbour[2][3] == 1)
        nCount++;
```

```
                if (neighbour[2][3] == 0 && neighbour[1][3] == 1)
                    nCount++;
                if (neighbour[1][3] == 0 && neighbour[0][3] == 1)
                    nCount++;
                if (neighbour[0][3] == 0 && neighbour[0][2] == 1)
                    nCount++;
                if (nCount != 1)
                    bCondition3 = TRUE;
            }
            //判断 P2*P4*P6=0 or Z0(p4)!=1
            if (neighbour[1][2]*neighbour[2][1]*neighbour[3][2] == 0)
                bCondition4 = TRUE;
            else
            {
                nCount = 0;
                if (neighbour[1][1] == 0 && neighbour[1][0] == 1)
                    nCount++;
                if (neighbour[1][0] == 0 && neighbour[2][0] == 1)
                    nCount++;
                if (neighbour[2][0] == 0 && neighbour[3][0] == 1)
                    nCount++;
                if (neighbour[3][0] == 0 && neighbour[3][1] == 1)
                    nCount++;
                if (neighbour[3][1] == 0 && neighbour[3][2] == 1)
                    nCount++;
                if (neighbour[3][2] == 0 && neighbour[2][2] == 1)
                    nCount++;
                if (neighbour[2][2] == 0 && neighbour[1][2] == 1)
                    nCount++;
                if (neighbour[1][2] == 0 && neighbour[1][1] == 1)
                    nCount++;
                if (nCount != 1)
                    bCondition4 = TRUE;
            }
            if(bCondition1 && bCondition2 && bCondition3 && bCondition4)
            {
                *lpDst = (unsigned char)255;
                fp=TRUE;
            }
            else
            {
                *lpDst = (unsigned char)0;
            }
        }
    }
```

```
            // 复制腐蚀后的图像
            memcpy(p_data, temp, bytewidth    * height);
        }
        // 复制细化后的图像
        memcpy(p_data, temp, bytewidth    * height);
        // 释放内存
        delete temp ;
}
```

4．效果图

车牌细化效果如图 4-14 所示。细化处理使得待识别的字符像素点数减少，有利于加快模板匹配速度。

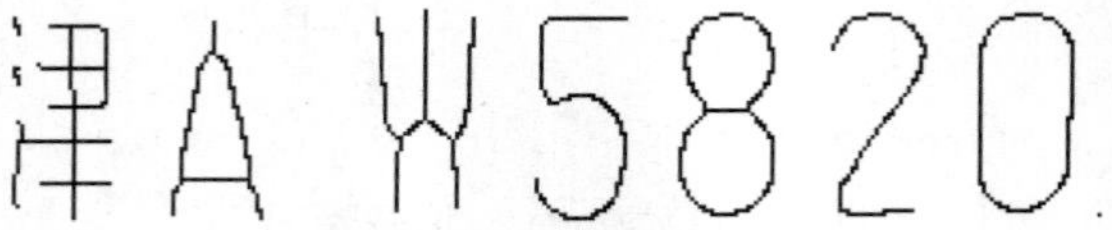

图 4-14　车牌细化效果

4.4 车牌号码识别

1．理论基础

在车牌号码识别中，将车牌字符分割成单个字符图像并进行细化处理后就可以进行识别了。车牌号码识别结果与车牌图像的采集环境密切相关，成像条件较好的场合（有稳定照明、车速较低的情况，如停车场）一般能够很好地保证车牌图像的质量。但是，在高速公路上采集汽车牌照图像时，由于汽车所处车道位置不同或照明条件不理想等因素，造成汽车图像质量较差，图像中车牌部分的字符会发生下面几种情况。

（1）字符轻微扭曲、变形和倾斜。

（2）字符上、下、左、右部分的亮度不均匀。

（3）字符笔画粗细不均匀。

（4）字符本身有缺损、笔画断裂等。

为了保证汽车牌照号码识别系统在各种复杂环境下均能发挥其应有的作用，识别系统必须满足以下要求。

（1）鲁棒性。在任何情况下均能可靠、正常地工作，且识别率较高。

（2）实时性。无论在汽车静止还是高速运行的情况下，图像的采集识别系统必须在 1s 内识别出车牌的全部字符，实现实时识别。

标准车牌的格式是：$x_1x_2 \cdot x_3x_4x_5x_6x_7$。其中，$x_1$ 是各省、直辖市的简称；x_2 是英文字母；x_3x_4 是英文字母或阿拉伯数字；$x_5x_6x_7$ 是阿拉伯数字。根据这些特征，匹配时，分别取汉字、字母和数字模板进行匹配，最后对结果进行语法分析，确认结果的合理性，排除误识结果。

对车牌字符的识别，目前常用的方法有基于模板匹配和基于神经网络的方法。由于车牌字符是以规范的字符为基础的，模板匹配识别是以字符整体相关性为基础的，并不强调字符整体结构的完整性。因此，模板匹配法具有较强的容错能力，适于有较强干扰的场合。但识别速度慢，很难满足实时性要求。当车牌图像较清晰，并且前面的预处理工作做得比较好时，基于模板匹配的方法可以获得较高的识别率，因此得到广泛应用。基于神经网络的方法具有较快的识别速度，尤其对二值图像的识别速度更快，可以满足实时性要求。人工神经网络为了保证系统高识别率也需要大量样品，通过学习获取知识并改进自身性能。当学习系统所处环境平稳时（统计特性不随时间变化），神经网络可以学到这些环境的统计特性，并作为经验记忆；当学习系统所处环境非平稳时（统计特性随时间改变），神经网络很难自适应学习环境特性，因此难以保证识别系统的精确性要求。

本章采用模板匹配算法。首先提取单个字符特征，特征提取示意图如图 4-15 所示，图 4-15（a）是原图，4-15（b）是细化后的结果图，将细化后的字符进行分割，分为 9 个小区域，见图 4-15（c）。

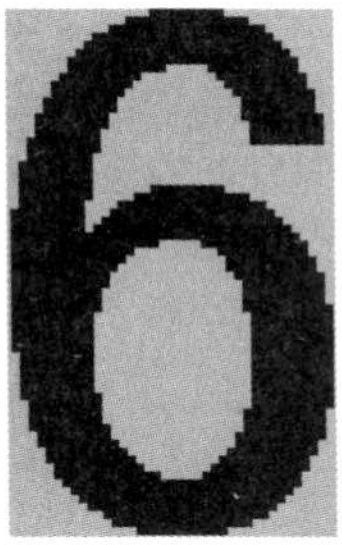

（a）原图

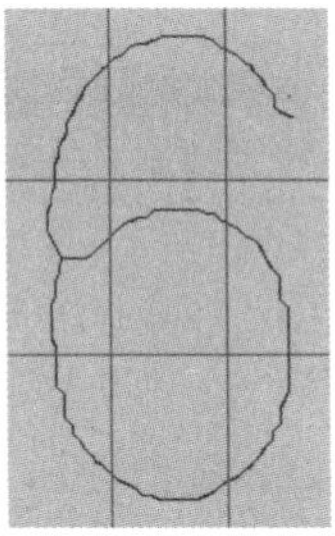

（b）细化后的结果图

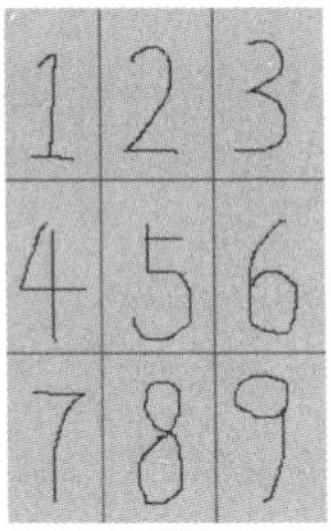

（c）小区域

图 4-15　特征提取示意图

对于每个小区域，统计该区域中黑像素点的数量，存入数组中以便与标准模板进行匹配。如下给出了部分字符的标准模板，每个模板共有 9 个数据，每个数据表示标准模板中对应的小区域中黑像素点的数量。

```
int N0[9]={18,10,18,20,0,20,18,10,18};        //0 的标准模板
int N2[9]={9,9,21,0,9,15,17,16,6};            //2 的标准模板
int N3[9]={6,16,16,0,10,20,12,11,22};         //3 的标准模板
int N4[9]={0,13,15,16,10,20,11,10,18};        //4 的标准模板
int N5[9]={15,9,9,9,9,18,14,10,20};           //5 的标准模板
int N6[9]={5,21,3,24,11,13,20,12,21};         //6 的标准模板
int N7[9]={6,9,29,0,13,11,0,15,0};            //7 的标准模板
int N8[9]={20,10,20,25,10,25,20,10,20};       //8 的标准模板
int N9[9]={19,10,21,13,12,26,1,12,2};         //9 的标准模板
int Na[9]={0,25,0,24,11,17,20,10,23};         //A 的标准模板
int Nc[9]={19,9,16,20,0,0,20,10,20};          //C 的标准模板
int Ng[9]={18,10,11,22,7,17,17,12,19};        //G 的标准模板
int Nk[9]={16,12,14,26,26,10,16,0,21};        //K 的标准模板
int Np[9]={30,10,23,24,11,13,16,0,0};         //P 的标准模板
```

```
int Nt[9]={7,23,7,0,20,0,0,15,0};                //T 的标准模板
int Nw[9]={17,18,17,21,24,25,15,0,15};           //W 的标准模板
int Ny[9]={16,10,18,0,25,0,0,16,0};              //Y 的标准模板
```

2. 实现步骤

（1）循环整幅图像，根据保存的字符的起始位置，将字符区域平均分成 9 份，记录每个区域中黑像素点的个数。

（2）若车牌从第 3 个到第 7 个字符均为数字，则运用欧式距离法计算字符与所有 0～9 数字模板的距离，距离最小的模板为对应的字符。

（3）若车牌第 2 个及第 3 个字符均为字母，则同数字识别方法一样，运用欧氏距离法进行字母识别。

（4）将识别的字符按顺序保存到 char 型数组中，并输出。

3. 关键代码

字符识别核心代码如下。

```
/**********************************************************************
/*函数名称：调整字体大小
/*函数类型：void
*    int     MH—小区域的高度
*    int     MW—小区域的宽度
*    int     M[9]—存放小区域的点数
*    MH 是字符高度的三分之一，用以进行分区，统计每一分区的点数，本段代码统计区间 1 的点数
*    int     m_sum—待识别字符与模板各区间之差的平方和
*    int     Mx[9]—标准模板数组，x 表示是什么模板，这里是字符 2 的模板
*    int     M[9]—存放小区域的点数
*该代码与一个模板进行比较，如果待识别字符与该模板的差别最小，则说明这个字符就是该模板所对应的类型
/**********************************************************************
    void PicRecognize()
    {
    LPBYTE p_data;                                  // 指向源图像的指针
    unsigned char*   lpSrc;
    int wide,height,bytewidth;
    int MWidth;
    int MH,MW,Msize;
    int i,j;
    p_data=CDibNew1->GetData();
    wide=CDibNew1->GetWidth();
    height=CDibNew1->GetHeight();
    bytewidth=CDibNew1->GetDibWidthBytes();
    int M[13]={0,0,0,0,0,0,0,0,0,0,0,0,0};
    MH=(int)(height/3);
```

```
int N0[13]={18,10,18,20,0,20,18,10,18,2,2,2,2};
int N2[13]={9,9,21,0,9,15,17,16,6,4,3,1,1};
int N3[13]={6,16,16,0,10,20,12,11,22,2,5,1,1};
int N4[13]={0,13,15,16,10,20,11,10,18,4,11,2,2};
int N5[13]={15,9,9,9,9,18,14,10,20,4,4,1,1};
int N6[13]={5,21,3,24,11,13,20,12,21,4,4,2,2};
int N7[13]={6,9,29,0,13,11,0,15,0,1,5,1,1};
int N8[13]={20,10,20,25,10,25,20,10,20,3,3,2,2};
int N9[13]={19,10,21,13,12,26,1,12,2,3,5,3,1};
int Na[9]={0,25,0,24,11,17,20,10,23};
int Nc[9]={19,9,16,20,0,0,20,10,20};
int Ng[9]={18,10,11,22,7,17,17,12,19};
int Nk[9]={16,12,14,26,26,10,16,0,21};
int Np[9]={30,10,23,24,11,13,16,0,0};
int Nt[9]={7,23,7,0,20,0,0,15,0};
int Nw[9]={17,18,17,21,24,25,15,0,15};
int Ny[9]={16,10,18,0,25,0,0,16,0};
int m_sum(0);
int m_min(10000);
char m_index[7];
for(int k=0;k<6;k++)
{

    MWidth=(int)(Pos[13-2*k]-Pos[13-2*k-1]+1);
    MW=(int)(MWidth/3);
    Msize=MW*MH;
    //M1
    for(i = 0; i < MH; i++)
    {
        for(j = 0; j < MW; j++)
        {
            lpSrc = p_data + bytewidth * (height - 1 - i) +Pos[13-2*k-1]+ j;
            if(*lpSrc == 0)
                M[0]++;
        }
    }
    //M2
    for(i = 0; i < MH; i++)
    {
        for(j = 0; j < MW; j++)
        {
            lpSrc = p_data + bytewidth * (height - 1 - i) +Pos[13-2*k-1]+ MW+j;
            if(*lpSrc == 0)
```

```
                    M[1]++;
            }
    }
    //M3
    for(i = 0; i < MH; i++)
    {
            for(j = 0; j < (MWidth-2*MW); j++)
            {
                    lpSrc = p_data + bytewidth * (height - 1 - i) +Pos[13-2*k-1]+2*MW +j;
                    if(*lpSrc == 0)
                            M[2]++;
            }
    }
    //M4
    for(i = 0; i < MH; i++)
    {
            for(j = 0; j < MW; j++)
            {
                    lpSrc = p_data + bytewidth * (height - 1 -(MH+i)) +Pos[13-2*k-1]+ j;
                    if(*lpSrc == 0)
                            M[3]++;
            }
    }
    //M5
    for(i = 0; i < MH; i++)
    {
            for(j = 0; j < MW; j++)
            {
                    lpSrc = p_data + bytewidth * (height - 1 -(MH+i)) +Pos[13-2*k-1]+MW+ j;
                    if(*lpSrc == 0)
                            M[4]++;
            }
    }
    //M6
    for(i = 0; i < MH; i++)
    {
            for(j = 0; j < (MWidth-2*MW); j++)
            {
                    lpSrc = p_data + bytewidth * (height - 1 -(MH+i)) +Pos[13-2*k-1]+2*MW+ j;
                    if(*lpSrc == 0)
                            M[5]++;
            }
    }
```

```
//M7
for(i = 0; i < (height-2*MH); i++)
{
    for(j = 0; j < MW; j++)
    {
        lpSrc = p_data + bytewidth * (height - 1 -(2*MH+i)) +Pos[13-2*k-1]+ j;
        if(*lpSrc == 0)
            M[6]++;
    }
}
//M8
for(i = 0; i < (height-2*MH); i++)
{
    for(j = 0; j < MW; j++)
    {
        lpSrc = p_data + bytewidth * (height - 1 -(2*MH+i)) +Pos[13-2*k-1]+MW+ j;
        if(*lpSrc == 0)
            M[7]++;
    }
}
//M9
for(i = 0; i < (height-2*MH); i++)
{
    for(j = 0; j < (MWidth-2*MW); j++)
    {
        lpSrc = p_data + bytewidth * (height - 1 -(2*MH+i)) +Pos[13-2*k-1]+2*MW+ j;
        if(*lpSrc == 0)
            M[8]++;
    }
}
//H1 两竖
for(i = 0; i < height; i++)
{

    lpSrc = p_data + bytewidth * (height - 1 - i) +Pos[13-2*k-1]+ MW;
    if(*lpSrc == 0)
        M[9]++;
}
//H2
for(i = 0; i < height; i++)
{
    lpSrc = p_data + bytewidth * (height - 1 - i) +Pos[13-2*k-1]+ 2*MW;
    if(*lpSrc == 0)
```

```
                M[10]++;
    }
    //W1  两横
    for(j = 0; j < MWidth; j++)
    {
        lpSrc = p_data + bytewidth * (height - 1 - MH) +Pos[13-2*k-1]+ j;
        if(*lpSrc == 0)
                M[11]++;
    }
    //W2
    for(j = 0; j < MWidth; j++)
    {
        lpSrc = p_data + bytewidth * (height - 1 - 2*MH) +Pos[13-2*k-1]+ j;
        if(*lpSrc == 0)
                M[12]++;
    }
    if(MWidth<=18)
        m_index[5-k]='1';
    else
    {   //0
        for(i=0;i<9;i++)
        {
                m_sum+=(M[i]-N0[i])*(M[i]-N0[i]);           //欧式距离
        }
        if(m_min>m_sum)
        {
                m_min=m_sum;
                m_index[5-k]='0';
        }
        m_sum=0;
        //2
        for(i=0;i<9;i++)
        {
                m_sum+=(M[i]-N2[i])*(M[i]-N2[i]);
        }
        if(m_min>m_sum)
        {
                m_min=m_sum;
                m_index[5-k]='2';
        }
        m_sum=0;
        //3
        for(i=0;i<9;i++)
```

```
{
        m_sum+=(M[i]-N3[i])*(M[i]-N3[i]);
}
if(m_min>m_sum)
{
        m_min=m_sum;
        m_index[5-k]='3';
}
m_sum=0;
//4
for(i=0;i<9;i++)
{
        m_sum+=(M[i]-N4[i])*(M[i]-N4[i]);
}
if(m_min>m_sum)
{
        m_min=m_sum;
        m_index[5-k]='4';
}
m_sum=0;
//5
for(i=0;i<9;i++)
{
        m_sum+=(M[i]-N5[i])*(M[i]-N5[i]);
}
if(m_min>m_sum)
{
        m_min=m_sum;
        m_index[5-k]='5';
}
m_sum=0;
//6
for(i=0;i<9;i++)
{
        m_sum+=(M[i]-N6[i])*(M[i]-N6[i]);
}
if(m_min>m_sum)
{
        m_min=m_sum;
        m_index[5-k]='6';
}
m_sum=0;
//7
```

```
for(i=0;i<9;i++)
{
        m_sum+=(M[i]-N7[i])*(M[i]-N7[i]);
}
if(m_min>m_sum)
{
        m_min=m_sum;
        m_index[5-k]='7';
}
m_sum=0;
//8
for(i=0;i<9;i++)
{
        m_sum+=(M[i]-N8[i])*(M[i]-N8[i]);
}
if(m_min>m_sum)
{
        m_min=m_sum;
        m_index[5-k]='8';
}
m_sum=0;
//9
for(i=0;i<9;i++)
{
        m_sum+=(M[i]-N9[i])*(M[i]-N9[i]);
}
if(m_min>m_sum)
{
        m_min=m_sum;
        m_index[5-k]='9';
}
m_sum=0;
//a
if(k>3 && k<6)
{
        for(i=0;i<9;i++)
        {
                m_sum+=(M[i]-Na[i])*(M[i]-Na[i]);
        }
        if(m_min>m_sum)
        {
                m_min=m_sum;
                m_index[5-k]='A';
```

```
        }
        m_sum=0;
    }
    //c
    if(k>3 && k<6)
    {
        for(i=0;i<9;i++)
        {
            m_sum+=(M[i]-Nc[i])*(M[i]-Nc[i]);
        }
        if(m_min>m_sum)
        {
            m_min=m_sum;
            m_index[5-k]='C';
        }
        m_sum=0;
    }
    //g
    if(k>3 && k<6)
    {
        for(i=0;i<9;i++)
        {
            m_sum+=(M[i]-Ng[i])*(M[i]-Ng[i]);
        }
        if(m_min>m_sum)
        {
            m_min=m_sum;
            m_index[5-k]='G';
        }
        m_sum=0;
    }
    //k
    if(k>3 && k<6)
    {
        for(i=0;i<9;i++)
        {
            m_sum+=(M[i]-Nk[i])*(M[i]-Nk[i]);
        }
        if(m_min>m_sum)
        {
            m_min=m_sum;
            m_index[5-k]='K';
        }
```

```
        m_sum=0;
    }
    //p
    if(k>3 && k<6)
    {
        for(i=0;i<9;i++)
        {
            m_sum+=(M[i]-Np[i])*(M[i]-Np[i]);
        }
        if(m_min>m_sum)
        {
            m_min=m_sum;
            m_index[5-k]='P';
        }
        m_sum=0;
    }
    //t
    if(k>3 && k<6)
    {
        for(i=0;i<9;i++)
        {
            m_sum+=(M[i]-Nt[i])*(M[i]-Nt[i]);
        }
        if(m_min>m_sum)
        {
            m_min=m_sum;
            m_index[5-k]='T';
        }
        m_sum=0;
    }
    //w
    if(k>3 && k<6)
    {
        for(i=0;i<9;i++)
        {
            m_sum+=(M[i]-Nw[i])*(M[i]-Nw[i]);
        }
        if(m_min>m_sum)
        {
            m_min=m_sum;
            m_index[5-k]='W';
        }
        m_sum=0;
```

```
            }
            //y
            if(k>3 && k<6)
            {
                for(i=0;i<9;i++)
                {
                    m_sum+=(M[i]-Ny[i])*(M[i]-Ny[i]);
                }
                if(m_min>m_sum)
                {
                    m_min=m_sum;
                    m_index[5-k]='Y';
                }
                m_sum=0;
            }

        }
        for(i=0;i<13;i++)
        {
            M[i]=0;
        }
        m_sum=0;
        m_min=10000;
    }
    m_index[6]='\0';
    MessageBox(m_index,"车牌号码识别系统");
    Invalidate();
}
```

4. 效果图

汽车牌照号码识别效果如图 4-16 所示。

图 4-16　汽车牌照号码识别效果

第5章 印刷体汉字识别

5.1 印刷体汉字图像数据特征分析

我国汉字具有多字体性，印刷体汉字应用最多的字体主要有宋体、黑体、仿宋体和楷体四种，手写体主要有楷书、草书和行书，汉字的这种特性，使得同一个汉字的不同字体之间差异很大，不同字体汉字笔画的粗细、位置、长短及姿态不同，各个部件、偏旁与主体的大小比例也不一样。因此，在自动识别过程中，很难把不同字体的同一个字用相同的参考汉字模板进行比较和判定。这种情况下，要进行汉字识别可以让系统成倍增加参考模板数，或者综合各个字体的特征共同点，使用同一个模板进行识别。但是，这样就无法保证足够高的识别率了。

汉字的笔画多，结构复杂，同一个汉字主体，通过减一笔、加一笔或者笔画位置的细微变化，就成为另外一个字。在识别过程中，就要求系统能够识别这些相似字的细微差异，否则就会发生误判。

汉字识别时，首先要通过扫描和数码相机等设备，将纸张上的汉字输入到计算机中，印刷体汉字图像如图 5-1 所示。在输入的过程中，放置位置、印刷质量、拍摄角度和纸张厚度等都会对后期的识别产生影响。

尼拟拈捻狞浓弄奴
急技佳剂济纪佳加
旧咎疚拘举巨觉钧

图 5-1　印刷体汉字图像

汉字识别系统的主要性能指标是正确识别率和识别速度；从使用的角度看，还要考虑系统的复杂性和可靠性等。因为汉字识别中，模式的种类很多，结构复杂，加上印刷质量的影响，都使得汉字识别系统同时具有高识别率和高识别速度十分困难。因此，图像预处理是印刷体汉字识别系统的重要环节，需要将每个字符按照原来的顺序从字行中正确切分出来，汉字识别效果图如图 5-2 所示。与所有模式识别系统一样，印刷体汉字识别应先提取待识别汉字的某些特征，逐一和机内已存储的汉字特征进行比较，找出与其最接近的汉字。显然，利用这种方法进行识别时，汉字集中度越大，识别速度就越慢。

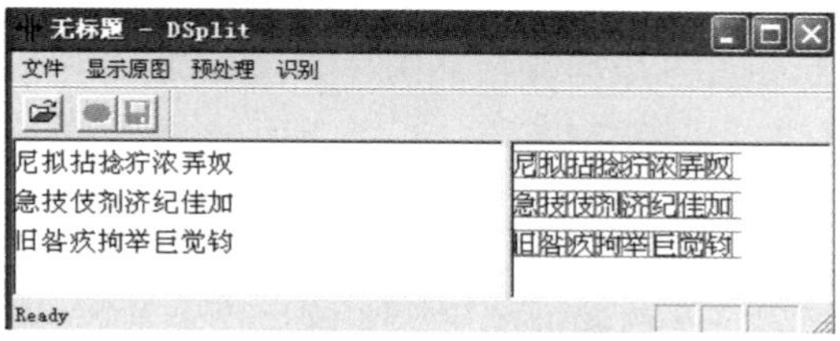

图 5-2　汉字识别效果图

5.2 汉字识别系统设计

印刷在纸张上的汉字，通过用扫描仪扫描或者数码相机拍摄等光学方式得到图像。印刷体汉字识别技术主要包括图像预处理、汉字特征提取和汉字匹配识别等步骤。图像预处理的目标是将汉字图像中的干扰因素降到最低，方便提取单个字符。随着汉字识别技术的深入研究，汉字特征提取的算法越来越多，如何选择特征和如何组合优化特征已经成了研究的重要领域，本章采用的是网格特征和外围特征。汉字识别技术涉及分类器的设计，这是非常重要的一个环节，将提取汉字的特征与标准汉字进行匹配判别，从而达到识别汉字的目的。

本章中的印刷体汉字识别流程如图 5-3 所示。该系统采用 VC++6.0 作为开发工具，实现印刷体汉字识别。

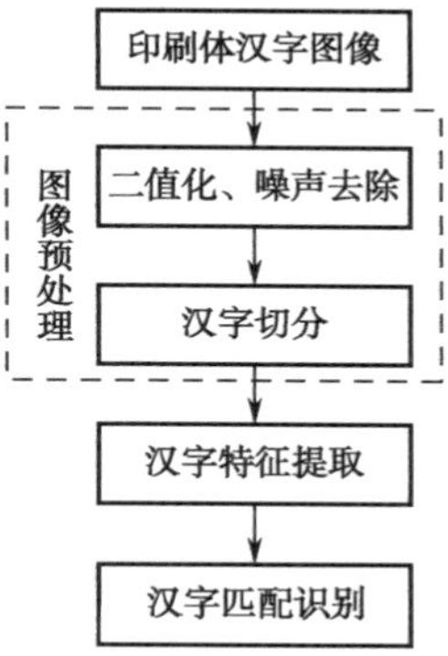

图 5-3　印刷体汉字识别流程

5.3 图像预处理

5.3.1　二值化

一幅汉字图像包含文字和背景，还有噪声。从图像中只提取出待识别的汉字而去除背景和噪声，最常用的方法就是图像的二值化，即设定某一阈值 T，用 T 将图像的数据分成两大部分：大于 T 的像素群和小于 T 的像素群。

二值化变换函数的表达式如下：

$$f(x)=\begin{cases}0, x<T\\255, x>T\end{cases} \tag{5-1}$$

经过阈值处理后的图像变成了一幅黑白二值图。汉字图像二值化的基本要求是笔画中不出现空白。二值化后的笔画基本保持原来文字的特征，因此，阈值的选取成了二值化的一个重要问题。

根据先验知识，可以预先设定一个阈值，这是一种最简单的、速度最快的二值化方法。但是，当光照等外部条件改变时，这种方法的效果不佳。因此，应该采用自动确定阈值的方法进行二值化。下面介绍两种自动确定阈值的方法。

1. 迭代阈值法

选择阈值时采用迭代的方法产生阈值，可以通过程序自动计算，其计算方法如下。

（1）选择阈值 T，通常可以选择图像的平均灰度值作为初始阈值。

（2）通过初始阈值 T，把图像的平均灰度值分成两组 R1 和 R2。

（3）计算两组平均灰度值μ_1和μ_2。

（4）重新选择阈值 T，新的 T 定义为：$T=(\mu_1+\mu_2)/2$。

（5）循环做（2）～（4）步，一直到两组的平均灰度值μ_1 和μ_2 不再发生改变，此时便获得了所需要的阈值。

2. 二次定值法

先取 $T_1=g_M+\delta$。其中，g_M 为图像灰度最黑值；δ为经验值。进行第一次扫描，根据 T_1 区分是图像还是背景，再分别求出对应 T_1 的图像和背景的平均值 F_a 和 B_a，得出二值化阈值为：

$$T_2=(F_a+B_a)/2$$

本章采用二次定值法进行二值化。

3. 实现步骤

（1）选取初始阈值 T_1，根据阈值标记背景点和前景点。

（2）计算背景点的像素值之和及图像点的像素值之和。

（3）求背景点的平均值和图像点的平均值，再以这两个值的平均值 T_2 作为二次阈值。

（4）根据二次阈值对图像做二值化处理。

4. 关键代码

```
/********************************************************************
*    函数名称：ErzhiHua()
*    函数类型：void
*    函数功能：用二次定值法对图像进行二值化处理
********************************************************************/
void ErZhiHua ()
{
     int i,j,thd;
     int lineByte = GetDibWidthBytes();
     BYTE *p_data=GetData ();                         //取得原图的数据区指针
     int wide=GetWidth ();                            //取得原图的数据区宽度
```

```
int height=GetHeight ();                    //取得原图的数据区高度
 BOOL *bk,*bkk;                             //是否为背景
 BYTE *ptemp=p_data;
 if(!this->GetRGB())
 {
        bk=new BOOL[height*wide];
        bkk=bk;
        int bkn=0;                          //背景像素数量
        for( j=0;j<height;j++)
        {
                for( i=0;i<wide;i+=3)
                {
                        if(*p_data>90)
                        {
                                *bk++=TRUE;
                                bkn++;
                        }
                        else
                        {
                                *bk++=FALSE;
                        }
                        p_data += 3;
                }
        }
        bk=bkk;
        p_data=ptemp;
        int fa=0,ba=0;
        for( j=0;j<height;j++)
        {
                for( i=0;i<wide;i+=3)
                {

                        if(bk++)
                        {
                                ba+=*p_data;
                        }
                        else
                        {
                                fa+=*p_data;
                        }
                        p_data += 3;
                }
        }
```

```
        ba/=bkn;
        fa=fa/(height*wide-bkn);
        thd=(ba+fa)/2;                      //二次选用的阈值
    }
    else
    {
        bk=new BOOL[height*wide];
        bkk=bk;
        int bkn=0;                          //背景像素数量
        for( j=0;j<height;j++)
        {
            for( i=0;i<wide;i++)
            {
                if(*p_data++>90)
                {
                    *bk++=TRUE;             //记录像素是否为背景，白色为背景，为 TRUE
                    bkn++;                  //背景点的个数
                }
                else
                {
                    *bk++=FALSE;            //标志非背景点
                }
            }
        }
        bk=bkk;                             //清空
        p_data=ptemp;
        int fa=0,ba=0;
        for( j=0;j<height;j++)
        {
            for( i=0;i<wide;i++)
            {
                if(bk++)
                {
                    ba+=*p_data++;          //统计背景点的像素和
                }
                else
                {
                    fa+=*p_data++;          //字体的像素和
                }
            }
        }
        ba/=bkn;                            //背景像素平均值
        fa=fa/(height*wide-bkn);            //字体像素平均值
```

```
            thd=(ba+fa)/2;                                  //二次选用的阈值
        }
    binaryImage(thd);
}
void binaryImage(int thd)
{
    int i,j;
    int m_imgWidth = this ->GetWidth();
    int m_imgHeight = this -> GetHeight();
    BYTE *p_data=this->GetData ();                          //取得原图的数据区指针
    int lineByte = (m_imgWidth * 8 / 8 + 3) / 4 * 4;
    for (i = 0;i < m_imgHeight;i++)
    {
        for (j = 0;j < m_imgWidth;j++)
        {
            if (*(p_data + i * lineByte + j) < thd)
                *(p_data + i * lineByte + j) = 0;
            else
                *(p_data + i * lineByte + j) = 255;
        }
    }
}
```

5. 效果图

汉字识别图像经过二值化处理后的效果如图 5-4 所示。

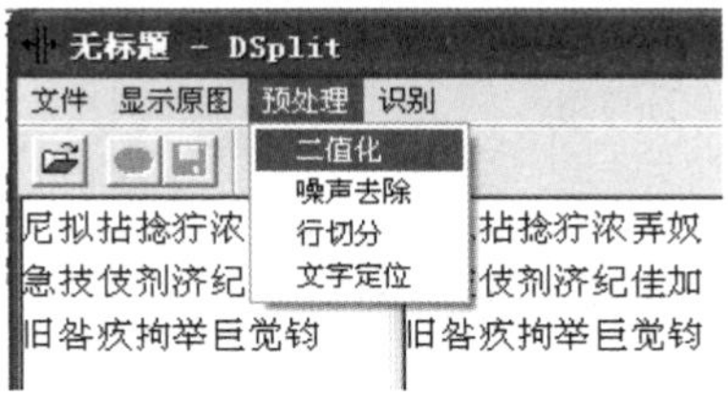

图 5-4 汉字识别图像经过二值化处理后的效果

5.3.2 消除噪声

本系统采用八邻域法消除噪声，以达到降低噪声的目的。

1. 实现步骤

（1）获取汉字图像的首地址及图像的高、宽信息。

（2）开辟一块内存缓冲区，初始图像设为白色。

（3）检测到某一像素点为黑像素，找到该黑像素点的八邻域，看是否都为白像素。如果该黑像素点的八邻域都为白像素则将检测到的黑像素点的灰度值置为白；否则，保持不变。

（4）循环步骤（3），直到处理完原图的全部像素点为止。

（5）将处理的汉字图像结果暂存在内存缓冲区，然后从内存缓冲区中复制到原图的数据区中。

2. 关键代码

```
//消除孤立的黑色像素点
void RemoveNoise ()
{
    BYTE *p_data;                                          //原图像数据区指针
    int wide,height,bytewidth;
    int i,j,averg;
    p_data= GetData();
    wide= GetWidth();
    height= GetHeight();
    bytewidth= GetDibWidthBytes();
    BYTE *p_temp=new BYTE[height*bytewidth];
    int size=bytewidth*height;
    memset(p_temp,255,size);
    for (j=1 ; j<height-1; j++)
    {
        for (i=1; i<wide-1; i++)
        {
            averg = 0;
            averg =(int) (*(p_data+(j-1)*bytewidth+i-1) + *(p_data+(j-1)*bytewidth+i)
                + *(p_data+(j-1)*bytewidth+(i+1)) + *(p_data+j*bytewidth+(i-1))
                + *(p_data+j*bytewidth+(i+1)) + *(p_data+(j+1)*bytewidth+(i-1))
                + *(p_data+(j+1)*bytewidth+i)+ *(p_data+(j+1)*bytewidth+(i+1)))/8;
            if (averg >200)
            {
                *(p_temp+j*bytewidth+i) = 255;
            }
            else
            {
                *(p_temp+j*bytewidth+i) = 0;
            }

        }
    }
    memcpy(p_data,p_temp,size);
    delete p_temp;
    Invalidate();
}
```

3. 效果图

汉字识别图像经过噪声消除处理后的效果如图 5-5 所示。

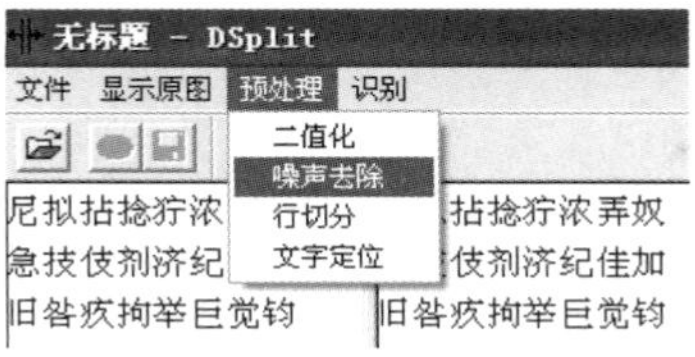

图 5-5 噪声消除处理后的效果

5.3.3 汉字行切分与字切分

利用字与字之间和行与行之间的空隙，将单个汉字从整个图像中分离出来，实现汉字切分。汉字的切分可分为行切分和字切分。

1. 行切分

行切分是利用行与行之间的直线型空隙来分辨行，将各行的行上界和行下界记录下来的。典型的算法是对汉字图像做水平投影，从上到下对每行黑像素值进行累加，若从某行开始的若干累加和均大于一个试验常数，则可认为该行是一汉字文本行的开始，即行上界。同理，当连续出现约一个汉字高度的大累加和情况后，突然出现一系列小累加和甚至零值时，判定为行下界。

实现步骤如下。

（1）对汉字图像做水平投影，记录每行黑像素点的个数并保存。

（2）找到每行字符的上界、下界和高度信息。

2. 字切分

字切分是指利用字与字之间的直线型空隙来分辨字，在确定该字所在行的行上界和行下界之后进行。典型的算法是对汉字图像做垂直投影，从左到右搜索投影图像汉字的左右边界，切分出单字或标点符号。从左边开始，垂直方向的行距内像素单列累加和均大于一个试验常数，则可认为是该汉字的左边界。同理，当连续出现一个汉字宽度的大累加和情况后，突然出现一系列小累加和甚至零值时，判定为该汉字的右边界。对文本汉字行来说，由于存在左右分离字、宽窄字、字间交连等，加上行间混有英文、数字、符号、字间污点等干扰，使得字切分比行切分困难得多。

实现步骤如下。

（1）对汉字图像做垂直投影。

（2）对每行字符从左到右进行循环，以上一个字符的右边界作为当前字符的左边界，找到一定范围内出现的全白列作为右边界。

3. 汉字切分关键代码

```
void Onqiefen()
```

```
{
    //行投影
unsigned char* lpSrc;                                   // 指向源图像的指针
    LONG    i;                                          // 循环变量
    LONG    j;
    //输入图像每像素字节数,灰度图像为 1 字节/像素
    int pixelByteIn=1;
    int m_imgWidth = GetWidth();
    int m_imgHeight = GetHeight();
    BYTE *p_data=this->GetData ();                      //取得原图的数据区指针

    //输入图像每行像素所占字节数,必须是 4 的倍数
    int lineByteIn = GetDibWidthBytes();                //(m_imgWidth * pixelByteIn + 3) / 4 * 4;
    int *iProjX = new int[m_imgHeight];
    for(i = 0;i < m_imgHeight;i++)
    {
        iProjX[i]=0;
    }
    for(i = 0;i < m_imgHeight;i++)
    {
        for(j = 0; j < m_imgWidth;j++)
        {
            // 指向 DIB 第 i 行、第 j 个像素的指针
            lpSrc = p_data + lineByteIn * (m_imgHeight - 1 - i) + j;
            if((*lpSrc) = = 0)
                (iProjX[i])++;
        }
    }

    h *ProjX = new h;
    for (i = 0;i < m_imgHeight;i++)
    {
        if(iProjX[i] = = 0)
            continue;
        else{
            ProjX -> m_iX1 = i;
            while (iProjX[i] != 0)
            {
                i++;
            }
            ProjX -> m_iX2 = i - 1;
            ProjX -> m_iH = (ProjX -> m_iX2) - (ProjX -> m_iX1) + 1;
            m_ProjX.push_back(*ProjX);
```

```
            }
        }
        delete ProjX;
        delete iProjX;

        //行合并
    vector <cluster> clustering;
        cluster *newCluster=new cluster;
        for(list <h> ::iterator it=m_ProjX.begin();it!=m_ProjX.end();++it)
        {
            if(clustering.empty())
            {
                (*newCluster).first=(*it).m_iH ;
                (*newCluster).second=1;
                clustering.push_back(*newCluster);
            }
            else
            {
                for(vector <cluster> ::iterator itv=clustering.begin();itv!=clustering.end();++itv)
                {
                    if(abs((*itv).first-(*it).m_iH)<=(*it).m_iH/8)
                    {   ////参数有待考虑，8 比较好！
                        (*itv).second++;
                        break;
                    }
                }
                if(itv= =clustering.end())
                {
                    (*newCluster).first=(*it).m_iH ;
                    (*newCluster).second=1;
                    clustering.push_back(*newCluster);
                }
            }
        }
        delete newCluster;
        int i=0,j=0;
        for(vector <cluster> ::iterator ite=clustering.begin();ite!=clustering.end();++ite)
        {
            if((*ite).second>i)
            {
                i=(*ite).second;
                j=(*ite).first;                              //黑像素个数最多行的行高
            }
```

```
}

/////////////////////////
list <h>::iterator itx1=m_ProjX.begin();
//itx 求与上一行及下一行的间距
for(list <h>::iterator itx=m_ProjX.begin();itx!=m_ProjX.end();++itx)          //声明 itx 为迭代器
{
        if(itx1= =itx)    //
        {
                itx->m_ias=0;
                continue;
        }
        itx->m_ias=(itx->m_iX1)-(itx1->m_iX2);                                //计算行高
        itx1->m_ibs=itx->m_ias;
    itx1=itx;
}
itx1->m_ibs=0;
//////////////////单行的合并//////////////////
list<h>::iterator it2=m_ProjX.begin();
h *newX=new h;
itx=m_ProjX.begin();
for(;itx!=m_ProjX.end();++itx)
{
        //如果行高太小，则将其与上一行合并
        if((double)itx->m_ias < (double)j/3.1)
        {
                //3.1 just a modulus mark midnight 2012.4.11 9:16
                newX->m_ias=it2->m_ias;
                newX->m_ibs=itx->m_ibs;
                newX->m_iH=itx->m_iX2-it2->m_iX1+1;
                newX->m_iX1=it2->m_iX1;
                newX->m_iX2=itx->m_iX2;
                ++itx;
                m_ProjX.erase(it2,itx);                                       //查一下怎么用
                m_ProjX.insert(itx,*newX);//
                - -itx;
                it2=itx;
        }
        it2=itx;
}
delete newX;
int lWm=j;
//虚假行合并
```

```
	list <h>::iterator itx1=m_ProjX.begin();
	//itx 求与上一行及下一行的间距
	for(list <h>::iterator itx=m_ProjX.begin();itx!=m_ProjX.end();++itx)        //声明 itx 为迭代器
	{
		if(itx1= =itx)   //
		{
			itx->m_ias=0;
			continue;
		}
		itx->m_ias=(itx->m_iX1)-(itx1->m_iX2);                          //计算行高
		itx1->m_ibs=itx->m_ias;
	   itx1=itx;
	}
	itx1->m_ibs=0;
	//////////////////单行的合并//////////////////
	list<h>::iterator it2=m_ProjX.begin();
	h *newX=new h;
	itx=m_ProjX.begin();
	  for(;itx!=m_ProjX.end();++itx)
	{
	  //如果行高太小，则将其与上一行合并
		if((double)itx->m_ias < (double)lWm/3.1)
		{
			//3.1 just a modulus mark midnight 2012.4.11 9:16
			newX->m_ias=it2->m_ias;
			newX->m_ibs=itx->m_ibs;
			newX->m_iH=itx->m_iX2-it2->m_iX1+1;
			newX->m_iX1=it2->m_iX1;
			newX->m_iX2=itx->m_iX2;
			++itx;
			m_ProjX.erase(it2,itx);                                  //查一下怎么用
			m_ProjX.insert(itx,*newX);//
			--itx;
			it2=itx;
		}
		it2=itx;
	}
	delete newX;
	//汉字切分
unsigned char*  lpSrc;                                                  // 指向源图像的指针
	LONG      i;                                                    // 循环变量
	LONG      j;
	//输入图像每像素字节数,灰度图像为 1 字节/像素
```

```
int pixelByteIn = 1;

int m_imgWidth = GetWidth();
int m_imgHeight = GetHeight();
BYTE* m_pImgData = this -> m_pData;

//输入图像每行像素所占字节数,必须是 4 的倍数
int lineByteIn=(m_imgWidth*pixelByteIn+3)/4*4;
Position pImagePos;
pImagePos.m_bottom =(m_ProjX.back()).m_iX2;                    //下界
pImagePos.m_top=(m_ProjX.front()).m_iX1;                       //上界
//////////////////////////找图像左边界(从左到右对每一列进行从上到下循环)
i=0,j=0;
do{
      if(i>m_imgHeight-1)
      {
            j++;
            i=0;
      }
      if(j>m_imgWidth-1)    break;
      lpSrc = m_pImgData+lineByteIn*(m_imgHeight-1-i)+j;
         i++;
}while(*lpSrc= =(BYTE)255);
pImagePos.m_left=j;
//////////////////////////找图像右边界（从右到左对每一列进行从上到下循环）
i=0,j=m_imgWidth-1;
do{
      if(i>m_imgHeight-1){
            j--;
            i=0;
      }
      if(j<0) break;
      lpSrc = m_pImgData+lineByteIn*(m_imgHeight-1-i)+j;
      i++;
}while(*lpSrc= =(BYTE)255);
pImagePos.m_right=j;

LONG lProjY=0;
LONG lCountL=0;                                                //记录行标
LONG lCountS=0;                                                //记录每行的字符数
LONG lSum=0;                                                   //记录每行字符的总高度
///行宽、左缩进、右缩进、公式编号和公式的距离、该行黑像素的数目
double dLWidth=0,dLI=0,dRI=0,dld=0,NBP=0;
```

```
LONG k;
CFtChinese *newfChinese=new CFtChinese;
int *ProjY=new int[pImagePos.m_right-pImagePos.m_left+1];        //行宽

Position pos;                                                   //记录字段的最小矩形
for(list<h>::iterator itx=m_ProjX.begin();itx!=m_ProjX.end();++itx) //对每一行字符循环
{
    NBP=0;
    lCountL++;
    for (k = 0;k < pImagePos.m_right - pImagePos.m_left + 1;k++)
        ProjY[k]=0;

    for(j=pImagePos.m_left;j<=pImagePos.m_right;j++)       //从左到右对每一列进行从上到下循环
    {
        for(i=itx->m_iX1;i<=itx->m_iX2;i++)
        {
            // 指向 DIB 第 i 行、第 j 个像素的指针
            lpSrc = m_pImgData+lineByteIn*(m_imgHeight-1-i)+j;
            if((*lpSrc)= =(BYTE)0)
            {
                ///////////////////////////回溯切分函数调用
              lProjY=RoundCut(j,*itx,lWm);               //lWm(竖直方向上)
                ///////////////求最小矩形（汉字的上、下、左、右位置，便于绘制矩形）
                pos.m_bottom=itx->m_iX2 ;
                pos.m_left=j;
                pos.m_right=lProjY;
                pos.m_top=itx->m_iX1;
              ///////////////////////////调用求最小矩形函数
              GetMinRect(pos);                             //二次定位到字符行的上、下边界
                newfChinese->i_row =lCountL;              //记录行号
                newfChinese->m_type=Chinese;
                newfChinese->m_pos=pos;
                m_fChinese.push_back(*newfChinese); //m_fChinese 里存储所有汉字
                lCountS++;      ///记录每行的字符数
                lSum+=(newfChinese->m_pos.m_bottom-newfChinese->m_pos.m_top);
                                                           //每行字符的总高度
                j=lProjY;                                  //从重新找到的字符右边界开始
                break;
            }
        }
    }
}
 delete newfChinese;
```

```
    delete ProjY;
}
```

4. 效果图

汉字识别图像经过行切分处理后的效果如图 5-6 所示。

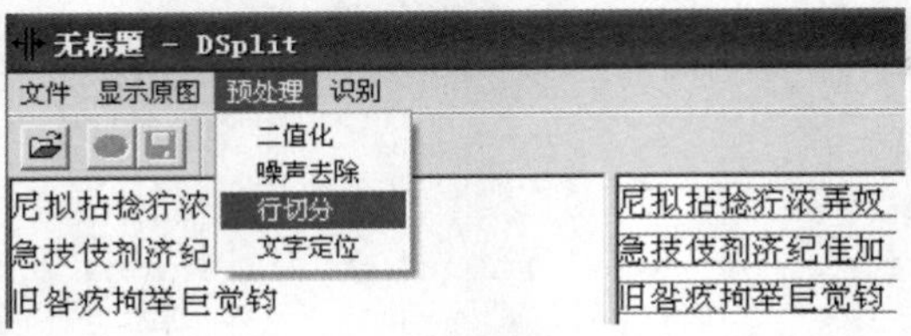

图 5-6　汉字识别图像经过行切分处理后的效果

汉字识别图像经过单字切分处理后的效果如图 5-7 所示。

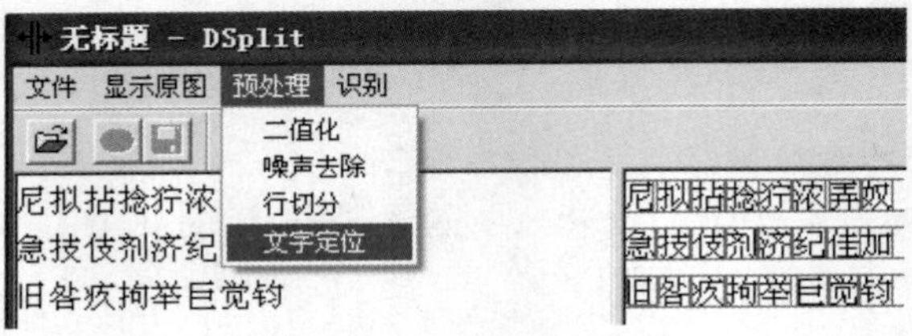

图 5-7　汉字识别图像经过单字切分处理后的效果

5.4 特征提取

1. 粗网格特征

把加框 $p \times q$ 点阵文字粗分为 $n \times n$ 份，取每份黑点数占整个文字黑点数的比例，形成 n^2 维特征向量 $\boldsymbol{M}$。

$$\boldsymbol{M} = (m_{11}, m_{12}, \cdots, m_{1n}, m_{21}, m_{22}, \cdots, m_{2n}, m_{n1}, m_{n2}, \cdots, m_{nn})$$

二值化文字 c 可以表示为：

$$\begin{cases} c = (c(i,j)) \\ c(i,j) = \begin{cases} 1 & \text{文字上} \\ 0 & \text{空白处} \end{cases}, \quad i = 1,2,\cdots,p \qquad j = 1,2,\cdots,q \end{cases} \tag{5-2}$$

分割成 $n \times n$ 份，有 $p_n = p/n$，$q_n = q/n$，设各份起始坐标为 p_{st}, q_{st}，则 $\boldsymbol{M}$ 中一项 m_{st} 为：

$$m_{st} = \frac{\sum_{k=1}^{p_n}\sum_{l=1}^{q_n} c(k + p_{st} - 1, l + q_{st} - 1)}{\sum_{i=1}^{p}\sum_{j=1}^{q} c(i,j)} \qquad s,t = 1,2,\cdots,n \tag{5-3}$$

粗网格特征体现了文字整体形状分布，但抗笔画位置变动干扰的能力差。

2. 粗外围特征

汉字轮廓结构包含了汉字特征的重要信息。汉字轮廓信息比较稳定，粗外围法就是抽取汉字轮廓信息作为特征进行粗分类的。

粗外围特征的抽取过程为：先求出汉字的外接框，再把 $p \times q$ 点阵的汉字分割成 $n \times n$ 份。从汉字四框各向相反边扫描，计算最初与汉字相碰的非汉字部分的面积和全部面积之比，并将其作为一次粗外围特征 $p_{1i}(i=1\sim4n)$，再将第二次与汉字线相碰的非汉字部分面积和全部面积之比作为第二次粗外围特征 $p_{2i}(i=1\sim4n)$，粗外围特征示意图如图 5-8 所示。一次粗外围特征反映汉字轮廓结构，二次粗外围特征在某种程度上反映汉字内部结构。

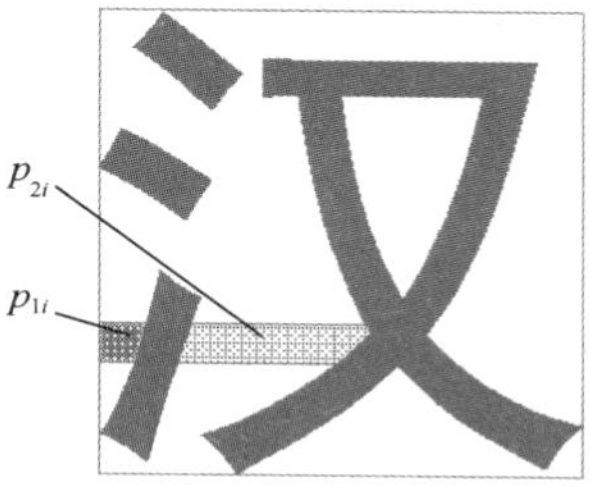

图 5-8 粗外围特征示意图

3. 实现步骤

（1）提取标准化大小的字符特征 48×48。

（2）计算整个字符内黑像素的比例。

（3）将字符分成 8×8 块，计算每块黑像素点占总黑像素点的比例，共 64 个特征。

（4）将字符分成 8 个横条和 8 个竖条，计算最初与汉字相碰的非汉字部分的面积和全部面积之比，作为一次粗外围特征 $p_{1i}(i=1\sim32)$，再将第二次与汉字线相碰的非汉字部分面积和全部面积之比作为第二次粗外围特征 $p_{2i}(i=1\sim32)$，共 64 个特征。

4. 关键代码

```
/************************************************************************
*    函数名称：GetFeature()
*    函数类型：void
*    函数功能：存储粗网格特征
************************************************************************/
定义全局变量：float FtCrude[128];

Void GetFeature()
{
      LONG i,j,m,n;
      double sum=0;
      int count=0;
      float FtCrude[64];
      for(i=0;i<8;i++)
      {
            for(j=0;j<8;j++)
            {
                  count++;            //共 64 个，将 48*48 分成 8*8 块，计算每块黑像素点占总黑像素点的比例
                  sum=0;
```

```
                    for(m=i*6;m<(i+1)*6;m++)
                    {
                            for(n=j*6;n<(j+1)*6;n++)
                            {
                                    if(p_data [m][n]= =1)
                                            sum++;
                            }
                    }
                    FtCrude[count]= sum/36.0;
            }
    }
    //存储横条和竖条上的内部结构特征
    double sum1[6],sum2[6];
    double p1,p2;
    int k, i,j,m,n;
    int count=65;
    //水平从左到右
    for(k=0;k<8;k++)
    {
            for(i=0;i<6;i++)  sum1[i]=0;
            for(i=0;i<6;i++)  sum2[i]=0;
            p1=0;
            p2=0;
            for(i=6*k;i<6*(k+1);i++)
            {
                    for(j=0;j<=47;j++)
                    {
                            //标准字符宽高均为48，将字符分为8横块，统计整个字里左侧白点个数
                    if(p_data [i][j]= =0)     //48*48特征，如果是黑像素点则置为1，是白像素点则置为0
                            {
                                    sum1[i-6*k]++;
                            }
                            else
                            {
                                    while(j<=47&& p_data [i][j]= =1)
                                    {
                                            j++;
                                    }
                                    //穿过字体，第二部分白像素块的个数
                                    while(j<=47&& p_data [i][j]= =0)
                                    {
                                            j++;
                                            sum2[i-6*k]++;
```

```
                        }
                        if(j>=47)   break;

                    }
                }
            }
            for(m=0;m<6;m++)
            {
                p1+=sum1[m];
            }
            for(n=0;n<6;n++)
            {
                p2+=sum2[n];
            }
            FtCrude[count]=p1/(double)(48*48);
            count++;
            FtCrude[count]=p2/(double)(48*48);
            count++;
        }
        //竖直：从上到下
        for(k=0;k<8;k++){
            for(i=0;i<6;i++)  sum1[i]=0;
            for(i=0;i<6;i++)  sum2[i]=0;
            p1=0;
            p2=0;
            for(j=k*6;j<6*(k+1);j++){
                for(i=0;i<48;i++){
                    if(p_data [i][j]= =0){
                        sum1[j-k*6]++;
                    }
                    else{
                        while(i<48&& p_data [i][j]= =1){
                            i++;
                        }
                        while(i<48&& p_data [i][j]= =0){
                            i++;
                            sum2[j-k*6]++;
                        }
                        if(i>=47)
                        break;
                    }
                }
            }
```

```
        for(m=0;m<6;m++){
            p1+=sum1[m];
        }
        for(n=0;n<6;n++){
            p2+=sum2[n];
        }
        FtCrude[count]=p1/(double)(48*48);
        count++;
        FtCrude[count]=p2/(double)(48*48);
        count++;
    }
    //水平：从右到左
    for(k=0;k<8;k++){
        for(i=0;i<6;i++)  sum1[i]=0;
        for(i=0;i<6;i++)  sum2[i]=0;
        p1=0;
        p2=0;
        for(i=6*k;i<6*(k+1);i++){
            for(j=47;j>=0;--j){
                if(p_data [i][j]= =0){
                    sum1[i-6*k]++;
                }
                else{
                    while(j>=0&& p_data [i][j]= =1){
                        --j;
                    }
                    while(j>=0&& p_data [i][j]= =0)
                    {
                        --j;
                        sum2[i-6*k]++;
                    }
                    if(j<=0)
                    break;
                }
            }
        }
        for(m=0;m<6;m++){
            p1+=sum1[m];
        }
        for(n=0;n<6;n++){
            p2+=sum2[n];
        }
        FtCrude[count]=p1/(double)(48*48);
```

```
            count++;
            FtCrude[count]=p2/(double)(48*48);
            count++;
        }
        //竖直：从下到上
        for(k=0;k<8;k++){
            for(i=0;i<6;i++)
                sum1[i]=0;
            for(i=0;i<6;i++)
                sum2[i]=0;
            p1=0;
            p2=0;
            for(j=k*6;j<6*(k+1);++j){
                for(i=47;i>=0;--i){
                    if(p_data [i][j]= =0){
                        sum1[j-k*6]++;
                    }
                    else{
                        while(i>=0&& p_data [i][j]= =1){
                            --i;
                        }
                        while(i>=0&& p_data [i][j]= =0)
                        {
                            --i;
                            sum2[j-k*6]++;
                        }
                        if(i<=0)
                        //      sum2[j-k*6]=0;
                        break;

                    }
                }
            }
            for(m=0;m<6;m++){
                p1+=sum1[m];
            }
            for(n=0;n<6;n++){
                p2+=sum2[n];
            }
            FtCrude[count]=p1/(double)(48*48);
            count++;
            FtCrude[count]=p2/(double)(48*48);
            count++;
        }
    }
```

5.5 汉字识别

印刷体汉字，无论是粗分类还是细分类，所采用的判别方法主要是距离度量准则，其他的判别方法无非是对它的改造或改进。

1. 距离度量准则

数学中，两个向量 $\boldsymbol{X}$，$\boldsymbol{G}$ 间的距离 $D(\boldsymbol{X},\boldsymbol{G})$应具有如下性质。

① $D(\boldsymbol{X},\boldsymbol{G})\geqslant 0$

② $D(\boldsymbol{X},\boldsymbol{G})=0$，当且仅当 $\boldsymbol{X}=\boldsymbol{G}$ 时

③ $D(\boldsymbol{X},\boldsymbol{G})=D(\boldsymbol{G},\boldsymbol{X})$

④ $D(\boldsymbol{X},\boldsymbol{K})+D(\boldsymbol{K},\boldsymbol{G})\geqslant D(\boldsymbol{X},\boldsymbol{G})$

模式识别中借用的距离概念不要求全部满足以上性质，设 $\boldsymbol{X}$ 表示输入未知汉字的特征向量，$\boldsymbol{X}=(x_1,x_2,\cdots,x_m)$；$\boldsymbol{G}$ 为字库中某一个标准汉字特征向量，$\boldsymbol{G}=(g_1,g_2,\cdots,g_m)$，则在模式识别中常用的距离如下。

（1）明考夫斯基距离（Minkowsky distance）

$$D(\boldsymbol{X},\boldsymbol{G})=\left[\sum_{i=1}^{m}|x_i-g_i|^q\right]^{1/q} \tag{5-4}$$

当 $q=1$ 时，为常用的绝对值距离：

$$D(\boldsymbol{X},\boldsymbol{G})=\sum_{i=1}^{m}|x_i-g_i| \tag{5-5}$$

当 $q=2$ 时，为欧式距离：

$$D(\boldsymbol{X},\boldsymbol{G})=\sqrt{(x_i-g_i)^2} \tag{5-6}$$

（2）马氏距离（Mahalanbis distance）

当 $\boldsymbol{X},\boldsymbol{G}$ 两个 m 维向量是正态分布的，且具有相同的协方差矩阵 $\sum$ 时，其马氏距离为[34,35]：

$$D(\boldsymbol{X},\boldsymbol{G})=(\boldsymbol{X}-\boldsymbol{G})^{\mathrm{T}}\sum{}^{-1}(\boldsymbol{X}-\boldsymbol{G}) \tag{5-7}$$

马氏距离的主要优点是可以克服变量之间的相关性干扰，并且可以消除各变量量纲的影响。

利用距离准则来判别时，当输入的汉字的特征向量 $\boldsymbol{X}$ 和字库中某一标准汉字的特征向量 $\boldsymbol{G}_j$ 相同时，则 $D(\boldsymbol{X},\boldsymbol{G}_j)=0$。所以，分别计算输入汉字特征向量 $\boldsymbol{X}$ 和字库中所有标准汉字特征向量 $\boldsymbol{G}_1,\boldsymbol{G}_2,\cdots,\boldsymbol{G}_m$ 之间的距离 $D(\boldsymbol{X},\boldsymbol{G}_1),D(\boldsymbol{X},\boldsymbol{G}_2),\cdots,D(\boldsymbol{X},\boldsymbol{G}_m)$，求出最小值 $D(\boldsymbol{X},\boldsymbol{G}_j)$，且 $D(\boldsymbol{X},\boldsymbol{G}_j)\leqslant\delta$（$\delta\geqslant 0$ 为预定常数），即可判断出输入未知汉字属于 ω_j 类。

（3）类似度

两个向量 $\boldsymbol{X},\boldsymbol{G}$ 的类似度[1,48]定义为：

$$R(\boldsymbol{X},\boldsymbol{G})=\frac{(\boldsymbol{X},\boldsymbol{G})}{\|\boldsymbol{X}\|\|\boldsymbol{G}\|}=\cos\alpha \tag{5-8}$$

式（5-8）中，分子$(\boldsymbol{X},\boldsymbol{G})$为向量 $\boldsymbol{X},\boldsymbol{G}$ 之间的内积；分母$\|\boldsymbol{X}\|,\|\boldsymbol{G}\|$分别表示向量 $\boldsymbol{X},\boldsymbol{G}$ 的模；α是向量$\boldsymbol{X}, \boldsymbol{G}$在$m$维空间的夹角。将$m$维向量各分量代入上式，可得到：

$$R(\boldsymbol{X},\boldsymbol{G})=\frac{\sum_{i=1}^{m}x_i g_i}{\left(\sum_{i=1}^{m}x_i^2\sum_{i=1}^{m}g_i^2\right)^{1/2}} \tag{5-9}$$

从几何上看，类似度$R(\boldsymbol{X},\boldsymbol{G})$为两向量$\boldsymbol{X}, \boldsymbol{G}$在$m$维空间的夹角余弦。显然，当两向量完全相同时，夹角为 0，$R(\boldsymbol{X},\boldsymbol{G})=1$。通常根据$R(\boldsymbol{X},\boldsymbol{G})\geqslant\varepsilon$（$\varepsilon$为预定常数,$0\leqslant\varepsilon\leqslant1$）即可判断出输入汉字属于哪一类。

（4）相似系数

两个m维向量$\boldsymbol{X}, \boldsymbol{G}$的相似系数定义为：

$$\begin{aligned}&R(\boldsymbol{X},\boldsymbol{G})=\frac{1}{m}\sum_{i=1}^{m}\exp\left\{-\frac{3}{4}(x_i-g_i)^2/S_i^2\right\}\\&S_i^2=\frac{1}{n}\sum_{j=1}^{n}(x_j-\overline{x}_i)^2\end{aligned} \tag{5-10}$$

式（5-10）中，n为字库中向量的个数；$\overline{x}_i$为字库中第i个分量的平均值。

在本章印刷体汉字识别系统中，先利用粗网格特征和粗外围特征各找到距离最小的前 10 个候选字，然后根据合并的粗网格特征和粗外围特征，从找到的所有 N 个候选字中找到距离最近的汉字，即认为是识别结果。

2. 实现步骤

计算字库里的汉字与待识别汉字特征的欧式距离。

3. 关键代码

```
/*********************************************************************
*    函数名称：CrudeChinese_recognition()
*    函数类型：BOOL
*    入口参数：it为存储的汉字指针
*    函数功能：找到字库里匹配的字号
*********************************************************************/
//定义汉字字符变量
class chinese_recognition
{
public:
        int index;
        double e;
        int InitChar;
};
chinese_recognition L[20];                              //汉字近邻候选值
chinese_recognition Lm[10];
chinese_recognition Lp[10];
```

```
BOOL ChineseRecognition()
{
    int i,j,m,n,k;
    int count;
    double tempIndex,tempE;
    chinese_recognition eLm0[552+1],eLp0[552+1];
    for(m=0;m<10;++m)
    {
        Lp[m].index=0;
        Lm[m].index=0;
        Lp[m].e=1;
        Lm[m].e=1;
    }
    for(m=0;m<20;++m)
    {
        L[m].index=0;
        L[m].e=1;
    }
    for(m=0;m<=552;++m)
    {
        eLm0[m].e=0;
        eLp0[m].e=0;
    }
    for(i=0;i<652;++i)                              //共有 652 个字符
    {
        for(j=0;j<=64;j++)
        {                                           //粗网格特征 65 个
            eLm0[i].e+=(FtCrude[j]-InitChineseCrude[i][j])*(FtCrude[j]-InitChineseCrude[i][j]);
            eLm0[i].index=i;
        }
        while(j<129)
        {                                           //内部结构特征 64 个
            eLp0[i].e +=(FtCrude[j]-InitChineseCrude[i][j])*(FtCrude[j]-InitChineseCrude[i][j]);
            eLp0[i].index=i;
            ++j;
        }
    }
    ////选取与字库里内部结构特征距离最小的 10 个
    for(m=0;m<10;++m)
    {
        for(n=0;n<552;++n)
        {
```

```
            for(k=0;k<m;++k)
            {
                if(eLp0[n].index= =Lp[k].index)
                {
                    ++n;                        //对已经找到的较小值直接跳过
                    //k=-1;
                }
            }
            if( eLp0[n].e <=Lp[m].e)            //找到最小的 10 个，从小到大排序
            {
                Lp[m].e=eLp0[n].e;
                Lp[m].index=eLp0[n].index;
            }
        }
    }
    //eLm
    for(m=0;m<10;++m){
        for(n=0;n<552;++n){
            for(k=0;k<=m;++k){
                if(eLm0[n].index= =Lm[k].index){
                    ++n;
                    //k=-1;
                }
            }
            if( eLm0[n].e<=Lm[m].e){
                Lm[m].e=eLm0[n].e;
                Lm[m].index=eLm0[n].index;
            }
        }
    }
/////合并差异度
    int flag;
    count=0;
    for(m=0;m<10;++m)
    {
        flag=0;
        for(n=0;n<10;++n)
        {
            //排序的 10 个字符中，将两种特征都入围的合并特征作为特征，做标记
            if(Lm[m].index= =Lp[n].index)
            {
                L[count].e=Lm[m].e+0.4*Lp[n].e;     ////参数可变
                Lp[n].index=0;
```

```
                L[count].index=Lm[m].index;
                flag=1;
                break;
            }
        }
        if(flag= =0)                        //如果只有 Lm 特征，那么就取 Lp[4]与其合并作为特征
        {
            L[count].e=Lm[m].e+0.4*Lp[4].e;
            L[count].index=Lm[m].index;
        }
        count++;                            //相似的前 10 个字库字符构成另外的特征数组 L[]
    }
    for(m=0;m<10;++m)
    {
        if(Lp[m].index= =0)                 //已经使用的 Lp 值
        {
            continue;
        }
        else                                //如果 Lp 值未使用，则将其和 Lm[4]合并作为特征
        {
            L[count].e=0.4*Lp[m].e+Lm[4].e;        ////参数可变
            L[count].index=Lp[m].index;
            count++;
        }
    }
    for(m=0;m<count;++m)                    //对所有特征由小到大排序（包括所有 Lp 和 Lm 中出现的
                                            //字库）
    {
        for(n=0;n<count-m-1;++n)            //修改
        {
            if(L[n].e>L[n+1].e)
            {
                tempE=L[n].e;
                tempIndex=L[n].index;
                L[n].e=L[n+1].e;
                L[n].index=L[n+1].index;
                L[n+1].index=tempIndex;
                L[n+1].e=tempE;
            }
        }
    }
    m_dIndex=L[0].index;                //找到最小值，记录最相似的汉字所在的位置
    e=L[0].e;                           //记录最相似汉字的相似度
    m_type=Chinese;
```

```
        return TRUE;
}
```

4. 效果图

印刷体汉字识别效果如图 5-9 所示。

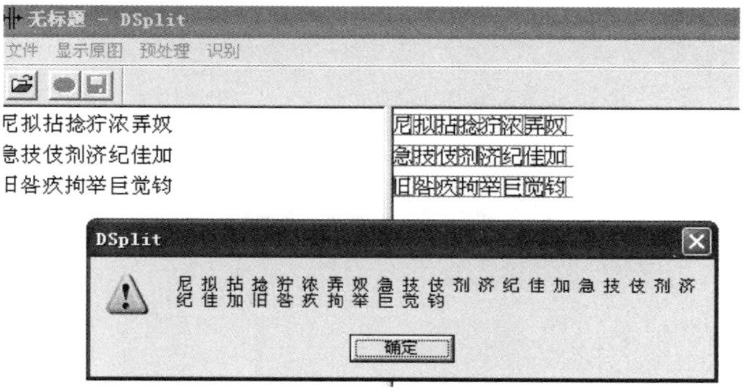

图 5-9 印刷体汉字识别效果

第6章 一维条形码识别

6.1 一维条形码图像数据特征分析

一维条形码是由一组规则排列的，粗细不同、黑白相间的条空及数字和字符组成的标记。一维条形码只在一个方向上表达信息，一般是在水平方向，垂直方向的高度通常是为了便于阅读器的对准。对于每一种物品，它的编码是唯一的。对于普通的一维条形码来说，还要通过数据库建立条形码与商品信息的对应关系。当条形码的数据上传到计算机时，由计算机上的应用程序对数据进行操作和处理。因此，普通的一维条形码在使用过程中仅作为识别信息，它的意义是通过在计算机系统的数据库中提取相应的信息而实现的。

随着国外条形码技术的应用，我国的条形码事业发展迅速。我国于 20 世纪 70 年代末到 20 世纪 80 年代初开始研究，并在部分行业完善了条形码管理系统，如邮电、银行、连锁店、图书馆、交通运输及各大企事业单位等。1988 年，我国成立了“中国物品编码中心”，并于 1991 年 4 月正式申请加入了国际物品编码协会。目前使用频率最高的一维条形码码制有 EAN、UPC、三九码、交叉二五码和 EAN128。

其中，EAN 码是我国主要采取的编码标准，是以消费资料为使用对象的国际统一商品代码。只要用条形码阅读器扫描该条形码，便可以了解该商品的名称、型号、规格、生产厂商、所属国家或地区等丰富信息。

EAN 条形码有两个版本，一个是 13 位标准条形码（EAN-13 条形码）；另一个是 8 位缩短条形码（EAN-8 条形码）。EAN-13 条形码由代表 13 位数字码的条形码符号组成，本章处理的所有条形码均属于 EAN-13 条形码。

1. EAN-13 条形码的构成

EAN-13 是标准商品条形码，它是一种（7,2）码，即每个字符的总宽度为 7 个模块，由两个条和两个空交替组成，而每个条空的宽度不超过 4 个模块。

EAN-13 商品条形码由左侧空白区、起始符、左侧数据符、中间分隔符、右侧数据符、校验符、终止符、右侧空白区组成，如图 6-1 所示。EAN-13 条形码包含 13 位字符，但只对

12 位字符进行编码，第 13 位（从右向左排序）不进行编码，其数值隐含在左侧数据符的奇偶排列中，称为前置符。奇偶性指的是每个字符所含条的像素数为奇数或者偶数。左侧数据符为奇、偶排列，右侧数据符为偶排列；左边的码字组成方式是“空条空条”，右边的码字组成方式是“条空条空”。

图 6-1　EAN-13 商品条形码的符号结构

由图 6-1 可知，通用商品条形码从左侧空白区开始，依次向右为左侧空白区、起始符、左侧数据符、中间分隔符、右侧数据符、校验符、终止符，到右侧空白区为止。

（1）左、右侧空白：没有任何印刷符号的空白区域，它通常是白的，位于条形码符号的两侧，用以提示阅读器准备扫描条形码符号。由 18 个模块组成（其中左侧空白不得少于 9 个模块宽度），一般左侧 11 个模块，右侧 7 个模块。

（2）起始符：条形码符号的第一位字符是起始符，它特殊的条空结构用于识别条形码符号的开始。由 3 个模块组成，即黑-白-黑。

（3）左侧数据符：位于中间分隔符的左侧，表示一定信息的条形码字符，由 42 个模块组成，包含了 $d_1 \sim d_6$ 的信息。

（4）中间分隔符：位于条形码中间位置的若干条与空，用于区分左右侧数据，由 5 个模块构成。

（5）右侧数据符：位于中间分隔符右侧，表示一定信息的条形码字符，由 35 个模块组成，包含了 $d_7 \sim d_{11}$ 的信息。

（6）校验符：表示校验码的条字符 d_{12}，用以校验条形码符号正确与否，由 7 个模块组成。

（7）终止符：条形码符号的最后一位字是终止，它特殊的空结构用于识别条形码符号的结束。由 3 个模块组成，即黑-白-黑。

可见，起始符和终止符的编码是相同，都用等宽两个黑条加一白条组成，分别是黑-白-黑。若规定一个模块宽度的条对应 1，白条对应 0，则起始符和终止符的编码为 101，中间分隔符的编码为 01010。这 3 种符号的条空排列是固定不变的。

2. EAN-13 条形码的编码

EAN-13 条形码是按照“模块组合法”进行编码的。要想编出准确条形，就必须有一定的编码原则、编码规则及合理校验产生方法。前面已经谈到 EAN-13 条形码的字符格式和本身构成，并知道了 EAN-13 条形码由黑白相间的条形线阵列和表示其代码的 13 位阿拉伯数字共同组成。每个代码由两个黑条和两个白条相间表示，并且共有 7 个单位模块宽度。下面我们来进一步说明 EAN-13 条形码的编码原则等内容，为后面的识别准备必要的理论基础知识。

（1）首先使用 d_0 产生 6 个奇偶性字母码，该奇偶性字母码与 $d_1 \sim d_6$ 相匹配，该字母码由 6 个字母组成，字母限于 O 和 E（O 为奇，E 为偶）。产生字母码的 d_0 映射表见表 6-1。

表 6-1 d_0映射表

d_0（前置符）	字母码（左侧数据符集合）
0	OOOOOO
1	OOEOEE
2	OOEEOE
3	OOEEEO
4	OEOOEE
5	OEEOOE
6	OEEEOO
7	OEOEOE
8	OEOEEO
9	OEEOEO

左侧数据符有奇偶性，它的奇、偶排列取决于前置符。所谓前置符是国别识别码的第一位 F1，该位以消隐的形式隐含在左侧 6 位字符的奇偶性排列中，这是国际物品编码标准版的突出特点。前置符与左侧 6 位字符的奇偶排列组合方式的对应关系见表 6-1。实际上由表 6-1 所示的这种编码规定可以看出，F1 与这种组合方式是一一对应、固定不变的。例如，中国的国别识别码为“690-692”，因此它的前置符为“6”，左侧数据的奇偶排列为“OEEEOO”，“E”表示偶字符，“O” 表示奇字符。

（2）将 d_1～d_6 与 d_0 产生的字母码按位进行搭配，来产生一个数字-字母匹配对。并通过查表来得到 d_1～d_6 形成的条形码左侧数据。将 d_7～d_{12} 和 C 进行搭配，并通过查表来得到 d_7～d_{12} 形成的条形码的右侧数据，该数字-字母映射表见表 6-2。

表 6-2 数字-字母映射表

字符	左侧数据符		右侧数据符
	奇性字符（A 组）	偶性字符（B 组）	偶性字符（C 组）
0	0001101	0100111	1110010
1	0011001	0110011	1100110
2	0010011	0011011	1101100
3	0111101	0100001	1000010
4	0100011	0011101	1011100
5	0110001	0111001	1001110
6	0101111	0000101	1010000

续表

字符	左侧数据符		右侧数据符
	奇性字符（A 组）	偶性字符（B 组）	偶性字符（C 组）
7	0111011	0010001	1000100
8	0110111	0001001	1001000
9	0001011	0010111	1110100
起始符	101		
中间分隔符	01010		
终止符	101		

（3）绘制条形码。根据由表 6-2 得到的二进制数码绘制条形码，1 对应黑条，0 对应白条。

3. EAN-13 条形码的校验方法

下面是 EAN-13 条形码的校验码验算方法，步骤如下。

（1）以未知校验位为第 1 位，由右至左将各位数据按顺序排队（包括校验码）。

（2）由第 2 位开始，求出偶数位数据之和，然后将和乘以 3，得积 N_1。

（3）由第 3 位开始，求出奇数位数据之和，得 N_2。

（4）将 N_1 和 N_2 相加得和 N_3。

（5）用 N_3 除以 10，求得余数，并以 10 为模，取余数的补码，即得校验位数据值 C。

（6）比较第 1 位（即校验位）的数据值与 C 的大小。若相等，则译码正确，否则进行纠错处理。

例如，设 EAN-13 条形码中数字码为 6901038100578（其中校验码值为 8），该条形码的字符校验过程为：$N_1=3\times(7+0+1+3+1+9)=63$，$N_2=5+0+8+0+0+6=19$，$N_3=N_1+N_2=82$，$N_3$ 除以 10 的余数为 2，故 C=10-2=8，译码正确。

6.2 一维条形码识别系统设计

条形码图像识别系统的结构如图 6-2 所示。识别系统主要分为条形码图像预处理与条形码识别两个大的过程。图像预处理包括灰度化、二值化、校正处理和去噪过程，图像识别通过计算左侧数据和右侧数据得出最后的条形码值。本系统采用 VC++6.0 作为开发工具，实现一维条形码识别。

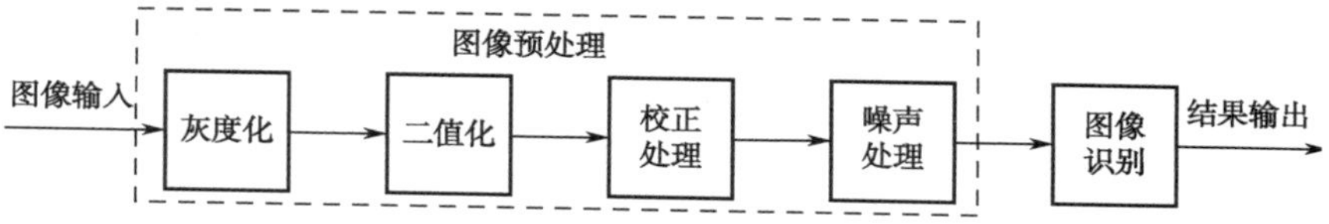

图 6-2　条形码图像识别系统的结构

6.3 一维条形码图像预处理

6.3.1 灰度化

1. 理论基础

条形码图像因受环境因素的影响，可能会模糊不清。因此，在对数字图像进行分析前，有必要对图像质量进行改善，所以要进行灰度化与二值化处理。条形码识别系统在进行二值化处理前，先要对数字图像进行灰度化处理。

灰度变换的方法主要有以下三种：最大值法、平均值法和加权平均值法。

本节使用加权平均值法，给 R、G、B 赋予不同的权值系数，并加权求和，得到灰度值Gray，转换关系为：

$$\text{Gray}(i,j)=0.11R(i,j)+0.59G(i,j)+0.3B(i,j) \tag{6-1}$$

2. 实现步骤

条形码数字图像灰度化实现步骤如下。

（1）获得原图数据区指针。

（2）循环数字图像的每个像素，求出每个像素 R、G、B 三个分量值。

（3）按照式（6-1）求出灰度值 Gray。

（4）将相应像素的 R、G、B 三个分量值置为相同的灰度值。

3. 关键代码

```
/***************************************************************/
/*函数名称：GRAY()
/*函数类型：void
/*功能：对图像进行灰度化
/***************************************************************/
void GRAY()
{
LPBYTE p_data;
LPBYTE   lpSrc;
RGBQUAD *p_RGB;
LPBITMAPINFO lpbmi;                         // 指向 BITMAPINFO 结构的指针（Win3.0）
lpbmi=m_pBitmapInfo;
// 灰度映射表
BYTE bMap[256];
// 指向复制图像的指针
int i,j,r,g,b;
int wide,height;
```

```
int DibWidth=this->GetDibWidthBytes();                    //取得原图的每行字节数
p_RGB=GetRGB();
p_data=GetData();
wide=GetWidth();
height=GetHeight();
DWORD bmsize=DibWidth*height;
// 指向 BITMAPINFO 结构的指针（Win3.0）
//LPBITMAPINFO lpbmi;
// 获取指向 BITMAPINFO 结构的指针（Win3.0）
//lpbmi = (LPBITMAPINFO)lpDIB;
/*
BYTE *temp=new BYTE[height*wide];
// 初始化新分配的内存，设定初始值为 255
lpDst = (LPBYTE)temp;
memset(lpDst, (BYTE)255, wide * height);*/
if(this->m_pBitmapInfoHeader->biBitCount<9)               //256 色 BMP 位图
{
    // 计算灰度映射表（保存各个颜色的灰度值），并更新 DIB 调色板
    for (i = 0; i < 256; i ++)
    {
            // 新颜色表赋标号根据灰度来给（即为灰度值）
            bMap[i] = (BYTE)(0.299 * lpbmi->bmiColors[i].rgbRed +
                0.587 * lpbmi->bmiColors[i].rgbGreen +
                0.114 * lpbmi->bmiColors[i].rgbBlue + 0.5);
            //修改颜色表的 RGB 分量统一
            // 更新 DIB 调色板红色分量
            lpbmi->bmiColors[i].rgbRed =(unsigned char) i;
            // 更新 DIB 调色板绿色分量
            lpbmi->bmiColors[i].rgbGreen = (unsigned char)i;
            // 更新 DIB 调色板蓝色分量
            lpbmi->bmiColors[i].rgbBlue = (unsigned char)i;
            // 更新 DIB 调色板保留位
            lpbmi->bmiColors[i].rgbReserved = 0;
    }
    // 更换每个像素的颜色索引（即按照灰度映射表换成灰度值）
    // 每行
    for(j = 0; j < height; j++)
    {
        // 每列
        for(i = 0; i < wide; i++)
        {
            // 指向 DIB 第 i 行、第 j 个像素的指针
            lpSrc = p_data+j*DibWidth+i;
```

```
                    // 变换
                    *lpSrc = bMap[*lpSrc];
                }
            }
        }
        else  //24 位彩色
        {

            for (j=0; j<height; j++)
            {
                for (i=0; i<wide; i++)
                {
                    BYTE* pbyBlue =p_data+j*DibWidth+i*3;         //得到蓝色值
                    BYTE* pbyGreen =p_data+j*DibWidth+i*3+1;      //得到绿色值
                    BYTE* pbyRed = p_data+j*DibWidth+i*3+2;       //得到红色值
                    r = *pbyRed;
                    g = *pbyGreen;
                    b = *pbyBlue;
                    int gray=(int)(0.3*r+0.59*g+0.11*b);
                    *pbyBlue = gray;                              //蓝分量
                    *pbyGreen = gray;                             //绿分量
                    *pbyRed = gray;                               //红分量
                }
            }
        }
    }
```

4. 效果图

图像灰度化处理后的效果图如 6-3 所示。

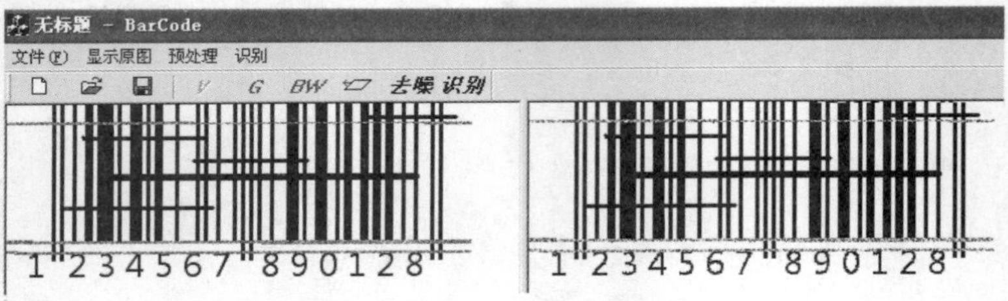

图 6-3　图像灰度化处理后的效果图

6.3.2 二值化

1. 理论基础

条形码数字图像经过灰度化处理后，所产生的灰度图像是由 256 个灰度级组成的灰度图像，所表现的图像有比较丰富的明暗度，但搜索目标时，由于背景像素的干扰，后期图像识别的质量受到影响，所以在数字图像预处理中，用二值化手段进行降噪处理。二值化操作过程为用户首先指定一个阈值，如果图像中的每个像素的灰度值小于该阈值，则把灰度值设为0，否则灰度值设为255，其变换函数如下：

$$f(x)=\begin{cases}0, & x<T\\255, & x>T\end{cases} \tag{6-2}$$

其中，T 是指定阈值，比这个阈值大的就为白色，比它小的就为黑色，经过这样的处理，数字图像可以变成黑白二值图。

2. 实现步骤

（1）根据需要设定阈值 T。

（2）取得原图的数据区指针。

（3）循环数字图像的每个像素，求出像素点的灰度值，如果此灰度值小于 T，则将其设置为0，否则设置为255。

3. 关键代码

```
/****************************************************************/
/*函数名称：BW(int thresh)
/*函数类型：void
/*参数说明：thresh  二值化阈值
/*功能：对图像进行二值化处理
/****************************************************************/
void BW(int thresh)
{
int T=thresh;
      LPBYTE p_data;
      int wide,height,bytewidth;
      p_data=this->GetData();
      wide=this->GetWidth();
      height=this->GetHeight();
      bytewidth=this->GetDibWidthBytes();
      for (int i=0;i<height;i++)
      for(int j=0;j<bytewidth;j++)
      {
            *p_data=*p_data>T?255:0;
            p_data++;
      }
}
```

4. 效果图

图像二值化处理后的效果图如6-4所示。

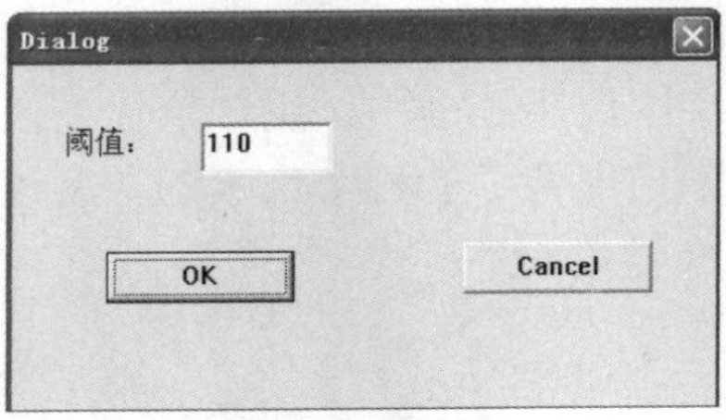

（a）输入阈值对话框

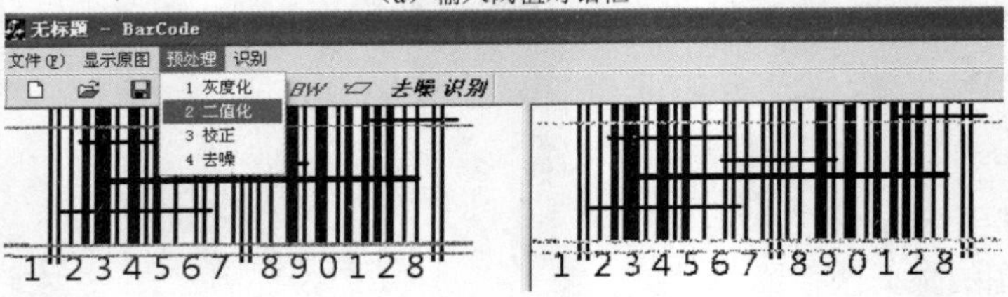

（b）二值化图像

图 6-4　图像二值化处理后的效果图

从图 6-4 所示的条形码二值化处理效果图中可以看出，在二值化处理的过程中消除了部分大于给定阈值的噪声点。

6.3.3　校正处理

1. 理论基础

采集的条形码图像往往是倾斜的，如果直接进行识别必然会出现错误。因此，在进行识别前需要对得到的二值图像进行校正处理。针对条形码上出现的划痕特征可以采用求均值的方法测得图像左侧的偏移量，校正原理图如图 6-5 所示。

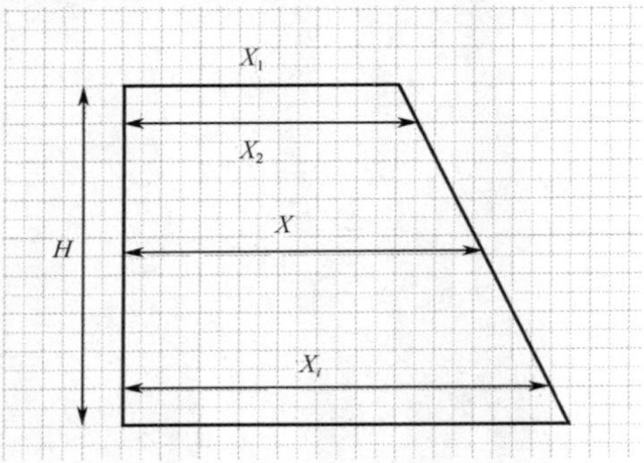

图 6-5　校正原理图

首先从一行开始，从左到右，逐列扫描图像，找到第一行第一个黑条所在的位置 X_1；再从二行开始，从左到右，逐列扫描图像，找到第二行第一个黑条所在的位置 X_2；以此类推，从上到下，从左到右，逐行扫描图像，一共扫描 H 行，H 表示图像的高度。可以计算出图像左边界到条形码图像左边第一个黑条的平均距离为：

$$X=(X_1+X_2+\cdots+X_i)/H$$

然后根据偏移量进行平移。

2. 实现步骤

条形码图像校正处理实现步骤如下。

（1）取得二值化的数据区指针。

（2）将图像下面 1/4 部分置为白色（即数字部分），目的是防止平均偏移量出现偏差。

（3）求出左侧平均偏移量。

（4）根据平均偏移量做平移，实现图像的校正。

3. 关键代码

```
/****************************************************************/
/*函数名称：JZ()
/*函数类型：void
/*功能：对斜图像进行校正处理
/****************************************************************/
void JZ()
{
    BYTE *p_data;                                  //原图像数据区指针
    int wide,height,bytewidth;
    int i,j;
    p_data=this->GetData();
    wide=this->GetWidth();
    height=this->GetHeight();
    bytewidth=this->GetDibWidthBytes();
    // 开辟新的存储空间
    BYTE *p_temp=new BYTE[height*bytewidth];
    int size=bytewidth*height;
    memcpy(p_temp,p_data,height*bytewidth);
    //memset(p_temp,255,size);
    //将数字部分置白色
    ZeroMemory(p_data,height/4*bytewidth);
 /*用 0 来填充一块内存区域。void ZeroMemory( PVOID Destination,SIZE_T Length );Destination：指向一
块准备用 0 来填充的内存区域的开始地址。Length：准备用 0 来填充的内存区域的大小，按字节来计算*/
    //求出图片的左侧平均偏移量
    int *left=new int[height];
    ZeroMemory(left,sizeof(int)*height);
    int averLeft=0;
    if(m_pBitmapInfoHeader->biBitCount<9)           ///////256 色 bmp 位图
    {
        for(i=0;i<height;i++)
            for(j=0;j<wide;j++)
            {
                if(p_data[i*bytewidth+j]==0)
                {
```

```
                        left[i]=j;
                        averLeft+=j;
                        break;
                    }
                }
        averLeft/=(height);
        //全部置白色
        memset(p_temp,255,height*bytewidth);
        for(i=0;i<height;i++)
        {
            memcpy(&p_temp[i*bytewidth+(int)averLeft],
                &p_data[i*bytewidth+left[i]],int(wide-(averLeft<left[i]?left[i]:averLeft)));


        }
}
else                                                    //24 位 bmp 位图
{
for(i=0;i<height;i++)
{
        for(j=0;j<wide;j++)
        {
            if(p_data[i*bytewidth+j*3]==0)
            {
                left[i]=j;
                averLeft+=j;
                break;
            }
        }
}
averLeft/=(height);
//全部置白色
memset(p_temp,255,height*bytewidth);
for(i=0;i<height;i++)
    {
        memcpy(&p_temp[i*bytewidth+(int)(averLeft*3)],
            &p_data[i*bytewidth+left[i]*3],int((wide-(averLeft<left[i]?left[i]:averLeft))*3));
        }
}
//底部数字置白（图像的存储是倒着进行的）
memset(p_temp,255,height/4*bytewidth);
if(left!=NULL)delete[]left;
memcpy(p_data,p_temp,height*bytewidth);
delete p_temp;
```

```
}
```

4. 效果图

图像校正处理后的效果如图 6-6 所示。

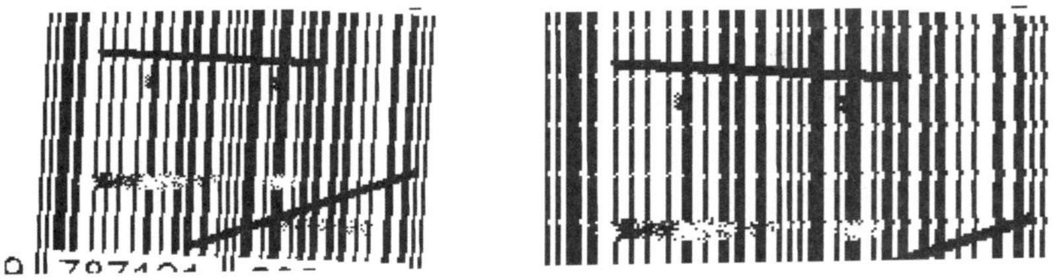

（a）二值化图像　　（b）校正图像

图 6-6　图像校正处理后的效果

6.3.4 噪声处理

1. 理论基础

条形码图像信息在采集输入过程中往往受到各种噪声源的干扰，如信道噪声、量化噪声和脉冲干扰等，这些噪声在图像上常常表现为一些孤立的像素点。另外，图像虽经二值化处理，但还会在各个数字边缘处存在毛刺和噪声。这些噪声会影响图像质量，给条形码的识别带来困难。所以，在图像预处理过程中必须滤掉这些噪声。

由于噪声声源众多，噪声种类复杂，所以去噪方法也多种多样。观察校正处理后的条形码图像，显然在有效的条形码图像中，两个黑条之间的界限是垂直的空白条，且有效黑条列上的黑像素点的个数接近图像的高度。因此，我们可以对条形码按列扫描，寻找每一列是否有效。

条形码识别系统噪声滤波的方法与前面介绍的方法不同。噪声滤波的方法根据黑色像素垂直投影值判断是否为噪声。如果投影值过小，则判断为噪声，将其设置为白色。

2. 实现步骤

（1）取得旋转的数据区指针。

（2）计算垂直投影。

（3）判断黑条，如果垂直投影大于高度的 1/4，则将这一列置黑，反之置白。

3. 关键代码

```
/*****************************************************************/
/*函数名称：QZ( )
/*函数类型：void
/*功能：对图像进行去噪处理
/*****************************************************************/
void QZ( )
{
```

```
BYTE *p_data;   //原图像数据区指针
        int wide,height,bytewidth;
        int i,j;
        p_data=this->GetData();
        wide=this->GetWidth();
        height=this->GetHeight();
        bytewidth=this->GetDibWidthBytes();
        BYTE *p_temp=new BYTE[height*bytewidth];
        int size=bytewidth*height;
        memset(p_temp,255,size);
        //投影去噪
        int *wValue=NULL;                                    //垂直投影
        wValue=new int[wide];                                //分配内存空间
        ZeroMemory(wValue,sizeof(int)*wide);                 //置零
        if(m_pBitmapInfoHeader->biBitCount<9)                //256 色 bmp 位图
        {
            //计算垂直投影（若为黑像素，则加 1）
            for(i=0;i<height;i++)
                for(j=0;j<wide;j++)
                    if(p_data[i*bytewidth+j]==0)
                        wValue[j]++;
                    //判断黑白条
                    for(i=0;i<wide;i++)
                        wValue[i]=(wValue[i]>(height/4))?0:255;
                    for(i=0;i<height;i++)
                    {
                        for(int j=0;j<wide;j++)
                            p_temp[i*bytewidth+j]=wValue[j];
                    }
        }
        else        // 24 位
        {
            //计算垂直投影（若为黑像素，则加 1）
            for(int i=0;i<height;i++)
                for(int j=0;j<wide;j++)
                    if(p_data[i*bytewidth+j*3]==0)
                        wValue[j]++;
                    //判断黑白条
                    for(i=0;i<wide;i++)
                        wValue[i]=(wValue[i]>(height/4))?0:255;
                    for(i=0;i<height;i++)
                    {
                        for(int j=0;j<wide;j++)
```

```
                        p_temp[i*bytewidth+j*3]=p_temp[i*bytewidth+j*3+1]=
                        p_temp[i*bytewidth+j*3+2]=wValue[j];
                }
        }
        if(wValue!=NULL)delete[]wValue;
        memcpy(p_data,p_temp,height*bytewidth);
        delete p_temp;
}
```

4. 效果图

图像去噪处理后的效果图如 6-7 所示。

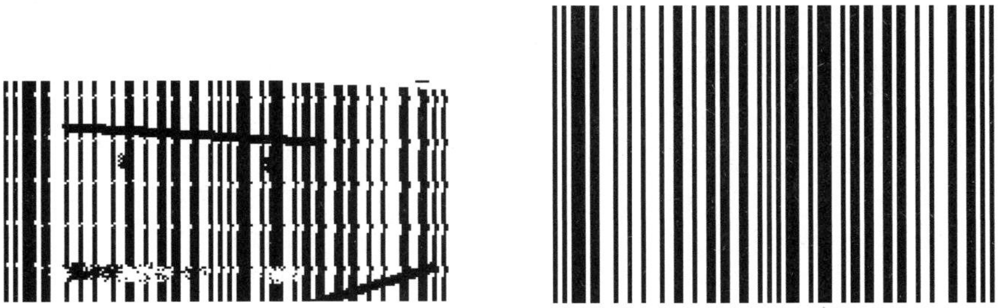

（a）校正后图像　　（b）去噪后图像

图 6-7　图像去噪处理后的效果图

6.4 一维条形码识别实现

条形码的编码与解码过程是互逆的。根据编码的基本原理，可以构建解码算法对条形码的码字进行识别，从而得到条形码图像的编码信息。

1. 实现步骤

条形码识别的具体实现步骤如下。

（1）获得去噪后图像的数据区指针，循环整幅图像，存储每行像素由黑变白或由白变黑的转折点的位置。

（2）根据转折点的位置计算出所有行的有效白条和黑条的宽度，从而计算平均条宽。

（3）记起始数据区的 3 个条均为单位宽度。

（4）计算左侧数据区条的宽度。由于每个字符占 4 条，共 7 个单位宽度。首先根据已经计算的平均条宽 pBarAvg[3+4*i+j]求得每个字符对应的单位宽度值 perSize，然后求得对应字符的 4 个条的宽度 pBarAvg[3+4*i+j] /= perSize，据此循环可得到 24 个条的相对宽度。

（5）记中间分隔符的 5 个条均为单位宽度。

（6）计算右侧数据区条的宽度，步骤同（4）。

（7）记终止数据区的 3 个条均为单位宽度。

（8）根据条的宽度求得左侧数据 6 位字符和右侧数据 6 位字符（包括校验符）的二进制码。

（9）记录左侧数据的奇偶性，根据表 6-1 求得前置符，以此来判断奇偶性。

（10）将最终得出的字符与其对应数组 LeftNum 和 RightNum 比较，将前置符、左侧数据和右侧数据结合求得最终的十进制码。

（11）利用校验公式校验，校验正确就输出条形码；否则，输出校验错误。

2. 关键代码

```
/***************************************************************/
/*函数名称：OnShibie()
/*函数类型：void
/*功能：对最后处理过的图像进行识别
/***************************************************************/
void OnShibie()
{
    BYTE *p_data;                                          //原图数据区指针
    int wide,height,bytewidth;                             //原图长、宽
    p_data=CDibNew1->GetData ();                           //取得原图的数据区指针
    wide=CDibNew1->GetWidth ();                            //取得原图的数据区宽
   height=CDibNew1->GetHeight ();                          //取得原图的数据区高
    bytewidth=CDibNew1->GetDibWidthBytes();
    char LeftNum[2][10] = {13,25,19,61,35,49,47,59,55,11,39,51,27,33,29,57, 5,17, 9,23}; //左侧数据编码
    char RightNum[10] = {114,102,108,66,92,78,80,68,72,116};   //右侧数据编码
    char FirstNum[10] = {31,20,18,17,12,6,3,10,9,5};       //起始国别码
    DWORD bmSize = height*bytewidth;
        BYTE* pData = new BYTE[bmSize];
        for(UINT i=0,j=0 ; i<bmSize; i++,j++)              //复制数据区，进行处理
        {
            pData[j] = p_data[i];
        }
        UINT* pBar = new UINT[height*60];                  //用于存储条形码转折点 13（个）*4
                                                           //（条）=52，我们取 60
        UINT temp = height*60;
        for(i=0 ; i<temp ; i++)
        {
            pBar[i] = 0;
        }
        UINT k = 0;
        UINT l = 0;
        for(i=0 ; i<(UINT)height-1 ; i++)
        {
            k = 0;
```

```
        temp = i*bytewidth;
        for(j=0 ; j<(UINT)bytewidth-1; j++)
        {
            if (pData[temp+j] != pData[temp+j+1])
            {
                if (k < 60)
                {
                    pBar[l*60+k] = j;
                    k++;
                }
                else
                {
                    break;
                }
            }
        }
        if(k == 60)
        {
            l++;
        }
    }
    UINT* pBar_new = new UINT[l*60];                //记录条形码转折点，存 pBar_new[]，释放
                                                    //原来的 pBar[]
    for (i=0 ; i<l*60 ; i++)
    {
        pBar_new[i] = pBar[i];
    }
    delete[] pBar;
    if (l < 1)
    {
        MessageBox("无法分辨条形码！ ");
        return;
    }
    int* pBar_size = new int[l*59];                 //计算每根条形码的宽度
    for (i=0 ; i<l ; i++)
    {
        for (j=0 ; j<59 ; j++)
        {
            pBar_size[59*i+j] = pBar_new[60*i+j+1] - pBar_new[60*i+j];
            if (pBar_size[59*i+j] < 0)
            {
                pBar_size[59*i+j] = 0;
            }
```

```
        }
    }
    delete[] pBar_new;
    float* pBarAvg = new float[59];
    for (i=0 ; i<59 ; i++)
    {
        pBarAvg[i] = 0.0;
    }
    for (j=0 ; j<59 ; j++)
    {
        for (i=0 ; i<l ; i++)
        {
            pBarAvg[j] += pBar_size[59*i+j];
        }
        pBarAvg[j] /= l;                    //每一列的平均宽度（条的宽度），即像素值
    }
    delete[] pBar_size;
    float perSize = 0.0;
    for (i=0 ; i<3 ; i++)
    {
        pBarAvg[i] = 1;                     //起始黑白黑，均为单位宽度，设为 1
    }
    for (i=0 ; i<6 ; i++)
    {
        perSize = 0.0;
        for (j=0 ; j<4 ; j++)
        {
            perSize += pBarAvg[3+4*i+j];    //左侧数据区 6 个数据，每个数据 4 条
        }
        perSize /= 7;                       //每个编码的平均宽度
        for (j=0 ; j<4 ; j++)
        {
            pBarAvg[3+4*i+j] /= perSize;    //根据平均宽度计算条宽
        }
    }
    for (i=27 ; i<32 ; i++)
    {
        pBarAvg[i] = 1;                     //中间部分
    }
    for (i=0 ; i<6 ; i++)                   //右侧数据
    {
        perSize = 0.0;
        for (j=0 ; j<4 ; j++)
```

```
            {
                perSize += pBarAvg[32+4*i+j];
            }
            perSize /= 7;
            for (j=0 ; j<4 ; j++)
            {
                pBarAvg[32+4*i+j] /= perSize;
            }
        }
        for (i=56 ; i<59 ; i++)                         //结尾部分
        {
            pBarAvg[i] = 1;
        }
        char* pBarsize = new char[59];
        for (i=0 ; i<59 ; i++)
        {
            if (pBarAvg[i] <= 1.5)
            {
                pBarsize[i] = 1;
            }
            else if (pBarAvg[i]>1.5 && pBarAvg[i]<=2.5)
            {
                pBarsize[i] = 2;
            }
            else if (pBarAvg[i]>2.5 && pBarAvg[i]<=3.5)
            {
                pBarsize[i] = 3;
            }
            else if (pBarAvg[i] > 3.5)
            {
                pBarsize[i] = 4;
            }
        }
        delete[] pBarAvg;
        char perNum;
        char* barNum = new char[12];
        for (i=0 ; i<12 ; i++)
        {
            barNum[i] = 0;
        }
    //计算左侧数据，barNum 里存的是左侧和右侧的 12 位的编码
        for (i=0 ; i<6 ; i++)
        {
```

```
            perNum = 0;
            for (j=0 ; j<4 ; j++)
            {
                if (j%2 == 1)
                {
                    for (char k=0 ; k<pBarsize[3+i*4+j] ; k++)
                    {
                        perNum = (perNum<<1) | 1;
                    }
                }
                else
                {
                    for (char k=0 ; k<pBarsize[3+i*4+j] ; k++)
                    {
                        perNum = perNum<<1;
                    }
                }
            }
            barNum[i] = perNum;                         //记录左侧的编码
        }
//计算右侧数据
        for (i=0 ; i<6 ; i++)
        {
            perNum = 0;
            for (j=0 ; j<4 ; j++)
            {
                if (j%2 == 1)
                {
                    for (char k=0 ; k<pBarsize[32+i*4+j] ; k++)
                    {
                        perNum = perNum<<1;
                    }
                }
                else
                {
                    for (char k=0 ; k<pBarsize[32+i*4+j] ; k++)
                    {
                    perNum = (perNum<<1) | 1;           //perNum 是二值化数值
                    }
                }
            }
            barNum[i+6] = perNum;                       //记录右侧的编码
        }
```

```
        delete[] pBarsize;
        char firstNum = 0;
        char position = 2;
        unsigned long leftNum = 0;
    //左侧数据十进制
        for (i=0 ; i<6 ; i++)
        {
            for (j=0 ; j<2 ; j++)
            {
                for (k=0 ; k<10 ; k++)
                {
                    if (barNum[i] == LeftNum[j][k])
                    {
                        leftNum = leftNum*10 + k;
                        switch (position)
                        {
                        case 2:
                            position = j;       //firstNum 记录左侧数据的奇偶，偶记为 0，奇记为 1
                            break;
                        case 1:
                            firstNum = firstNum<<1 | j;
                            break;
                        case 0:
                            firstNum = firstNum<<1 | !j;
                            break;
                        default:
                            break;
                        }
                    }
                }
            }
        }
        for (i=0 ; i<10 ; i++)
        {
            if (firstNum == FirstNum[i])
            {
                leftNum += i*1000000;
            }
        }
    //右侧数据的十进制（最后一位为校验位）
        unsigned long rightNum = 0;
        for (i=6 ; i<12 ; i++)
        {
```

```
            for (k=0 ; k<10 ; k++)
            {
                if (barNum[i] == RightNum[k])
                {
                    rightNum = rightNum*10 + k;
                }
            }
        }
        CString strBarCode;
        CString strLeft;
        strLeft.Format("%d" , leftNum);
        if (strLeft.GetLength() < 7)
        {
            for (i=strLeft.GetLength() ; i<7 ; i++)
            {
                strBarCode.operator +=("0");
            }
        }
        strBarCode.operator +=(strLeft);
        CString strRight;
        strRight.Format("%d" , rightNum);
        if (strRight.GetLength() < 6)
        {
            for (i=strRight.GetLength() ; i<6 ; i++)
            {
                strBarCode.operator +=("0");
            }
        }
        strBarCode.operator +=(strRight);
// 校验码（1 位校验位）
        char checkStr;
        int checkNum = 0;
        for (i=0 ; i<12 ; i++)
        {
            checkStr = strBarCode.GetAt(i)-48;
            if (i%2 == 0)                                   //偶数
            {
                checkNum += int(checkStr);
            }
            else                                            //奇数
            {
                checkNum += 3*int(checkStr);
            }
```

```
        }
        checkNum %= 10;
        if (checkNum > 0)
        {
            checkNum = 10 - checkNum;
        }
        checkStr = strBarCode.GetAt(12)-48;
        if (checkNum == (int)checkStr)
        {
            CString barCode("条形码为：");
            barCode.operator +=(strBarCode);
            MessageBox(barCode);
        }
        else
        {
            MessageBox("校验错误！");
        }
}
```

3. 效果图

带噪声的和不带噪声的一维条形码识别效果分别如图 6-8 和图 6-9 所示。

图 6-8　带噪声的一维条形码识别效果

图 6-9　不带噪声的一维条形码识别效果

第7章 人脸识别

7.1 人脸图像数据特征分析

人脸的共性是都有脸型、眼睛、眉毛、鼻子及嘴巴等，但是个体之间也有差异，不同人的脸型、眼睛、眉毛、鼻子及嘴巴的大小形状差异很大。人的五官在人脸识别中的地位是不相同的。人脸的一个重要特征是脸型，通过两张人脸图像看两个人像与不像的关键在于基本脸型是否相似。可见，脸型对于识别人脸是非常重要的。但是，人脸是具有相似形状和轮廓的，许多人具有相似形状的脸型，因此单靠脸型是无法区别两个不同的人的。需要进一步辨别其他特征，例如，有的人眼睛大，有的人下巴尖。识别人险的时候耳朵是最不重要的，我们在看一个人的时候，很少会注意到他的耳朵。

面部比例称为“三庭五眼”。所谓“三庭”，是指从发际线到下颏可以分为三等份，也就是发际线到眉线、眉线到鼻底线及鼻底线到下颏线的距离相等；所谓“五眼”，就是从正面看脸的宽度（两耳间），等于五个眼睛的宽度。还有两个比例，即眼睛在头部的二分之一处，眼睛的长度、两眼间的距离及鼻子的宽度相等。这些比例信息对于特征点的检测是非常重要的，可以根据这些比例信息确定特征点所在的区域。

常用的人脸识别方法有两个。一是基于几何特征的识别方法；二是基于人脸图像整体特征的识别方法。

（1）基于几何特征的识别方法根据人脸的几何统计规律，首先确定人脸所在位置，在此基础上，对人脸的五官区域进行划分，分别给出眼睛、鼻子和嘴巴相对于人脸的位置、尺寸大小以及彼此间的比率，以此作为人脸的描述特征。由于此类方法通常要精确地抽取出位置、尺寸、比率或其他几何参数作为人脸的描述特征，因此对人脸图像的表情变化比较敏感，同时，人脸器官分割的精确度也对人脸特征的提取有一定的影响。

（2）基于人脸图像整体特征的识别方法充分利用人脸图像本身具有的灰度信息，不需要精确提取人脸部件的具体信息，可获得较好的识别性能。

在一些特殊的场合（如法律实施、护照验证和身份证验证等），每个人只能得到一幅图像，这些人脸图像属于正面像，比较正规，采集到的人脸图像如图 7-1 所示。但是只能用这些数目有限的图像去训练人脸识别系统，因而产生了单训练样品人脸识别技术。单训练样品人脸识别是指每个人仅存储一幅人脸图像作为训练集，去识别姿态和光照等可能存在变化的人脸图像的身份。

图 7-1 采集到的人脸图像

在实际应用中，实时采集到的人脸图像可能不是很清晰，有背景和噪声等的存在；由于光照条件或采集设备的不同，即使是同一个人所采集到的图像也可能存在很大差异，这为人脸识别要取得突破性进展带来困难。同时，由于人脸具有很大的柔性，同一个人的脸部特征会随着心态产生一定的变形，如表情、光线和附着物等在不同的环境下具有较大的差别。而不同人的脸部特征会在姿态、光照和表情等因素的变化下具有很强的相似性。因此，人脸识别是一项跨学科的研究课题，在研究过程中面临着许多重大挑战。

7.2 人脸识别系统设计

人脸不同于其他物体，它有着丰富的变形，而且个体之间的差异较大。一个实用的识别系统必须考虑识别算法的鲁棒性和实时性，算法太复杂不仅导致样品学习困难，还会增加识别的时间成本。人脸识别是一个跨学科的、富有挑战性的前沿课题。

本章人脸识别系统采用基于几何特征的识别方法进行设计。基于几何特征的识别方法具有存储量小和对光照不敏感的特点，识别速度要比基于人脸图像整体特征的识别方法快。但该方法对图像的质量要求很高，对于特征点的定位需要非常准确，倘若人脸有一定的侧向或有装饰物则会影响识别率。不同的人脸识别方法有各自的优缺点，应根据具体的识别任务和条件选择合适的识别方法。由于人脸识别的复杂性，单独使用一种方法一般都不会取得很好的识别效果，利用先验知识，综合运用多种方法是人脸识别的研究趋势，而如何有效地与基于其他生物特征的识别方法结合来提高人脸识别效率也是一个重要的研究方向。

基于几何特征的人脸识别方法要用一个几何特征矢量表示人脸，它要求该矢量具有一定的独特性，可以反映不同人面部特征的差别。本系统以实现人脸面部重要特征（人脸、眼睛和嘴巴）的准确定位为目标，将人脸图像中的眼睛、嘴巴以及彼此间的比率作为特征来进行人脸识别。通过人脸图像预处理后，得到二值化图像。设计复合多重投影检测算法，反复利用人脸图像在水平和垂直方向投影量的变化，分析出人脸各部件所在的精确位置。人脸特征提取如图 7-2 所示，通过测量这些特征的关键点之间的相对距离，得到描述人脸的特征矢量，如眼睛、鼻子及嘴的位置和宽度等，计算这些部件之间的比率关系，系统提取 6 个人脸图像的特征。

（1）左眼宽比：左眼宽度与左眼到右眼宽度比值。

（2）左眼高比：左眼高度与左眼到嘴巴距离比值。

（3）右眼宽比：右眼宽度与左眼到右眼宽度比值。

（4）右眼高比：右眼高度与右眼到嘴巴高度比值。

（5）嘴宽比：嘴巴宽度与左眼到右眼宽度比值。

（6）嘴高比：嘴巴高度与嘴巴到人眼高度比值。

为此，设计了人脸特征结构变量，如下。

```
struct MAN
{
      int id;                        //人物 ID
      int weidth;                    //宽度
      int height;                    //高度
      float eye_w;                   //眼距/宽度
      float left_w;                  //左眼/宽度
      float left_h;                  //左眼/高度
      float right_w;                 //右眼/宽度
      float right_h;                 //右眼/高度
      float mouth_w;                 //嘴巴/宽度
      float mouth_h;                 //嘴巴/高度
      float e_m_h;                   //眼睛到嘴巴/高度
      MAN *next;
};
```

整个过程可以分为 3 个阶段，系统流程图如图 7-3 所示。第一阶段是图像预处理，从图像中检测脸部区域；第二阶段利用复合多重投影检测的方法在脸部区域中准确定位，提取人脸特征；最后运用模板匹配法进行人脸特征识别，得出识别结果。本系统采用 VC++6.0 作为开发工具，实现人脸识别。

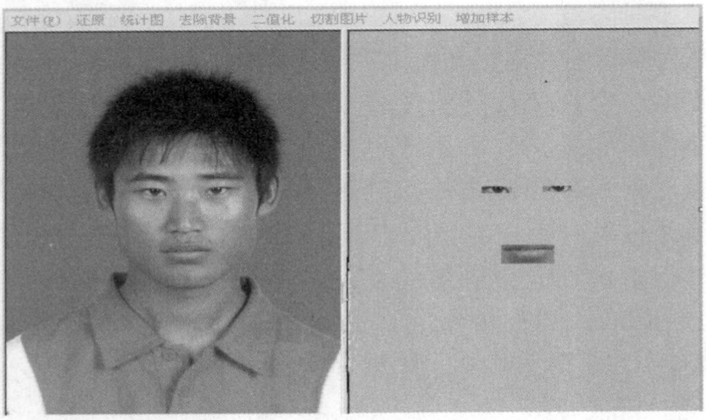

图 7-2　人脸特征提取

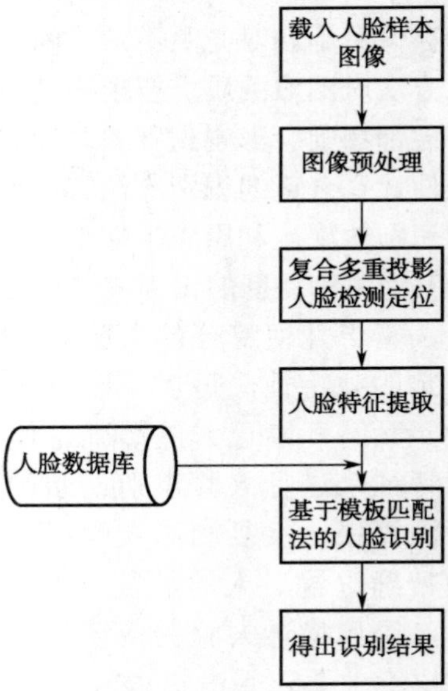

图 7-3　系统流程图

7.3 人脸图像预处理

7.3.1 去除背景

1. 理论基础

本系统采用比较正规的人脸正面像，适合一些特殊场合的人脸识别，如法律实施、护照验证和身份证验证等，只能用这些数目有限的图像去训练人脸识别系统，属于单训练样品人脸识别技术。单训练样品人脸识别是指每人仅存储一幅人脸图像作为训练集去识别姿态和光照等可能存在变化的人脸图像的身份。

在人脸定位之前要先去掉一些无用的信息，如背景。由于图像中，人脸处于中间位置，前几行或图像的四角一般是背景信息。首先，提取前几行或四角的像素值，并计算出均值，作为背景颜色；然后，循环扫描图像的每一个像素值，与背景之差在一定范围内，则认为是背景；最后，去掉背景信息。

2. 实现步骤

（1）加载位图，打开图像文档。

（2）获得位图指针，计算偏移量。

（3）循环前 *n* 行求出像素 R、G、B（红绿蓝）的分量均值。

（4）从图像左上角开始依次循环找到每个像素的 R、G、B 值与求出分量均值的差值，差值小于 30 的像素点，确定为背景部分。

3. 关键代码

```
//求偏移量
void CTESTView2::SetOffset()
{
    if(cdibNew==NULL)OnHuanyuan();
    nWeidth=cdibNew->GetWidth();
    nHeight=cdibNew->GetHeight();
    if(nWeidth*3%4==0)offset=0;
    else offset=4-nWeidth*3%4;
}
//菜单去除背景函数
void CTESTView2::OnBgout()
{
    CTESTDoc *pDoc=GetDocument();          //获得文档指针
    if(pDoc->isRead)                       //如果加载过位图文件
    {
        cdibNew=&pDoc->cdibNew;            //获得右视图位图指针
```

```
            SetOffset();                                      //求出偏移量
            isQiege=FALSE;                                    //没有进行切割
            setup=1;                                          //当前步骤是 1
            int red=0,green=0,blue=0;                         //计算背景 RGB 分量
            int row=3;                                        //背景的行数
            int inc=30;                                       //RGB 的差量，小于此数值被认为是背景
            for(int i=nHeight-row;i<nHeight;i++)              //循环前 row 行，分别计算 RGB 均值
            {
                for(int j=0;j<nWeidth;j++)
                {
                    red+=cdibNew->m_pData[(i*nWeidth+j)*3+offset*i];
                    green+=cdibNew->m_pData[(i*nWeidth+j)*3+offset*i+1];
                    blue+=cdibNew->m_pData[(i*nWeidth+j)*3+offset*i+2];
                }

            }
            red/=(row*nWeidth);
            green/=(row*nWeidth);
            blue/=(row*nWeidth);
            //循环整个图像，将认为是背景色的像素点像素值置 0
            for(i=0;i<nHeight;i++)
            {
                for(int j=0;j<nWeidth;j++)
                {

                    if(abs(cdibNew->m_pData[(i*nWeidth+j)*3+offset*i]-red)<inc&&
                        abs(cdibNew->m_pData[(i*nWeidth+j)*3+offset*i+1]-green)<inc&&
                            abs(cdibNew->m_pData[(i*nWeidth+j)*3+offset*i+2]-blue)<inc)
                        {
                            memset(&(cdibNew->m_pData[(i*nWeidth+j)*3+offset*i]),0,3);
                        }

                }

            }
            Invalidate();                                     //刷新
        }
}
```

4. 效果图

去背景的效果如图 7-4 所示。

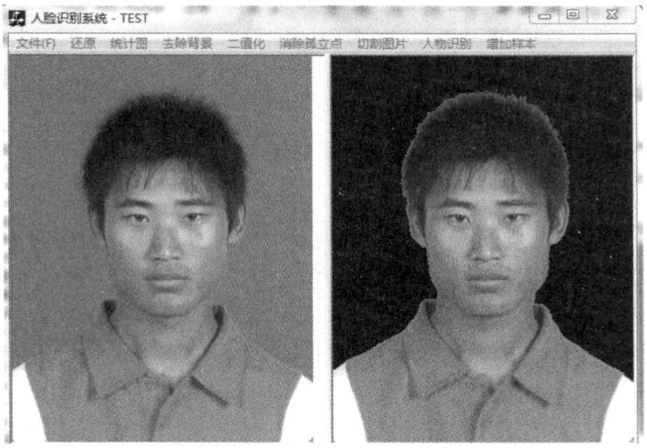

图 7-4 去背景的效果

7.3.2 二值化

本章的二值化处理采用阈值法进行，指定一个阈值 *T*，如果图像中的每个像素的灰度值小于该阈值，则把灰度值设为 255（或 0），否则灰度值设为 0（或 255）。通过二值化处理，将目标从图像背景中分离出来，以便后续的切割定位。

1. 实现步骤

（1）取得原图数据区指针。

（2）循环图像的每一个像素，按照公式 Gray=0.3**R*+0.5**G*+0.2**B* 求出像素点的灰度值，并设置二值化阈值 *T*=127。

（3）若灰度值小于阈值，则将像素灰度置为 255；否则，置为 0。

2. 关键代码

```
//菜单二值化函数
//循环所有像素点，求出平均灰度值 average
//再次循环，灰度值低于 average 的就置为 0，否则置为 255
void CTESTView2::On2zhihua()
{
    CTESTDoc *pDoc=GetDocument();
    if(pDoc->isRead&&setup==1)
    {
        isQiege=FALSE;
        setup=2;
        cdibNew=&pDoc->cdibNew;
        SetOffset();
        BYTE *pData=cdibNew->m_pData;
        int average=0;
        for(int i=0;i<nWeidth;i++)
        {
```

```
                for(int j=0;j<nHeight;j++)
                {

        average=int(pData[(j*nWeidth+i)*3+j*offset]*0.2+pData[(j*nWeidth+i)*3+j*offset+1]*0.5+pData[(j*nWeidth
+i)*3+j*offset+2]*0.3);
                    if(average>255)average=255;//检测灰度值是否正常（0~255）
                    if(average<0)average=0;
                    for(int k=0;k<3;k++)
                        pData[(j*nWeidth+i)*3+j*offset+k]=average;
                    for(k=0;k<3;k++)
                        pData[(j*nWeidth+i)*3+j*offset+k]=pData[(j*nWeidth+i)*3+j*offset+k]<127?0:255;
                        //如果灰度值小于中值（127）
                }
            }
            average/=(nWeidth*nHeight);
            Invalidate();
        }
    }
```

3. 效果图

二值化效果如图 7-5 所示。

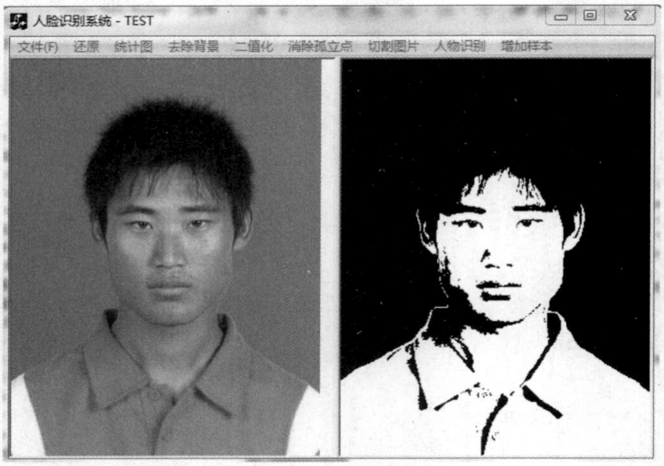

图 7-5　二值化效果

7.3.3　噪声消除

本系统采用四邻域法消除噪声，以达到降低噪声的目的。

1. 实现步骤

（1）获取人脸图像的首地址及图像的高、宽信息。

（2）开辟一块内存缓冲区，初始图像设为白色。

（3）检测到某一像素点为黑像素，找到该黑像素点的四邻域，看是否都为白像素。若该黑像素点的四邻域都为白像素，则将检测到的黑像素点的灰度值置为白；否则，保持不变。

（4）循环步骤（3），直到处理完原图的全部像素点为止。

（5）将处理的人脸图像结果暂存在内存缓冲区中，然后从内存复制到原图的数据区中。

2. 关键代码

```
//消除孤立的黑色像素点
void CTESTView2::GuliOut()
{
        for(int i=1;i<nWeidth-1;i++)
                for(int j=1;j<nHeight-1;j++)
                {
                        if(cdibNew->m_pData[(j*nWeidth+i)*3+j*offset]==0&&
                                cdibNew->m_pData[(j*nWeidth+i+1)*3+j*offset]==255&&
                                cdibNew->m_pData[((j+1)*nWeidth+i)*3+j*offset]==255&&
                                cdibNew->m_pData[(j*nWeidth+i-1)*3+j*offset]==255&&
                                cdibNew->m_pData[((j-1)*nWeidth+i)*3+j*offset]==255)
                        {
                                cdibNew->m_pData[(j*nWeidth+i)*3+j*offset]=255;
                        }
                }
}
```

3. 效果图

去除噪声效果如图 7-6 所示。

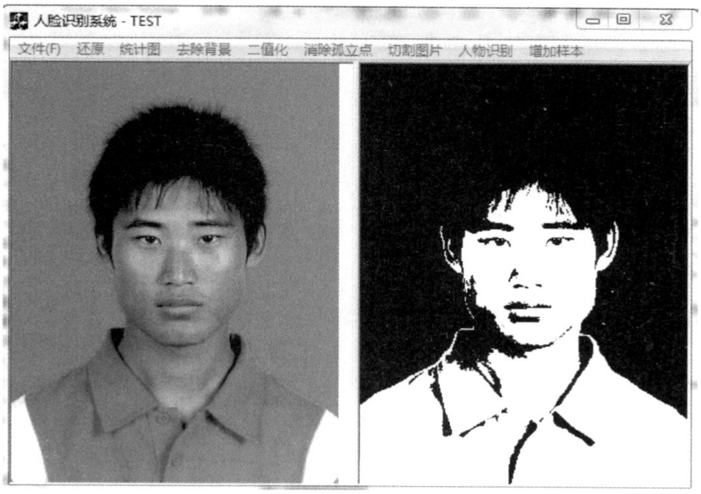

图 7-6 去除噪声效果

7.4 基于复合多重投影检测的人脸定位

7.4.1 复合多重投影检测方法

在人脸识别系统中，对人脸、眼睛和嘴巴的准确定位及特征提取是非常重要的。本节以实现眼睛和嘴巴的准确定位为目标，探讨眼睛和嘴巴的定位方法。在人脸图像预处理后，得到二值化图像，本系统设计复合多重投影检测算法，反复利用人脸图像在水平和垂直方向上的投影，实现眼睛及嘴巴的精确定位。

复合多重投影检测算法对二值化后的图像采用水平和垂直投影法，分析其投影面的特征，去掉不相关信息，对重要部位从粗略定位到精确定位反复检测，提取识别信息。整个过程可以分为3个阶段。

（1）从图像中定位检测人脸。在去掉背景后，进行垂直和水平投影，进行脸部的粗略定位。在此基础上进行第二次投影，去掉耳部信息，对脸部精确定位。

（2）从图像中定位检测眼睛。在脸部上半部分区域，进行垂直和水平投影，进行眼睛的粗略定位。在此基础上进行第二次投影，对眼部精确定位。

（3）从图像中定位检测嘴巴。在脸部下半部分区域，进行垂直和水平投影，进行嘴巴的粗略定位。在此基础上进行第二次投影，对嘴巴精确定位。

复合多重投影检测流程图如图 7-7 所示。该方法对人脸样品图像多次复合投影，逐步缩小查询范围，精确定位人的眼睛和嘴巴，去掉眼睛和嘴巴外的其他信息，为进一步快速准确地提取人脸图像的特征打下基础。本系统对白像素进行投影计算。

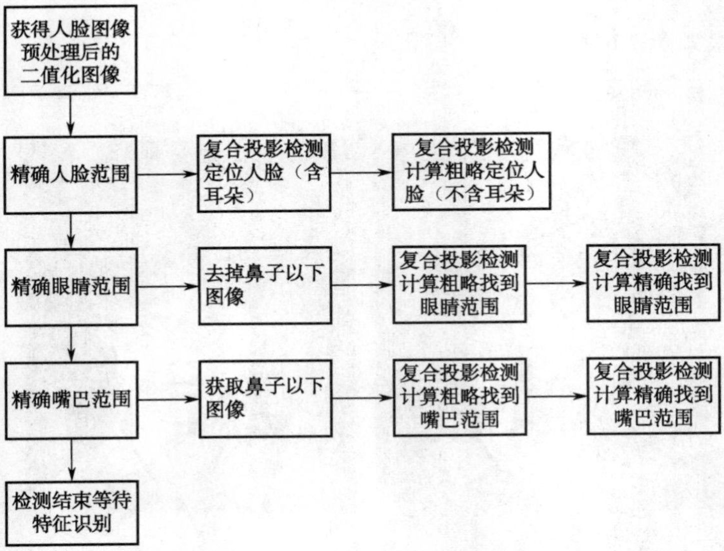

图 7-7　复合多重投影检测流程图

1. 水平投影

实现步骤如下。

（1）完成人脸图像二值化。

（2）循环各行，依次判断每一列的像素是否为白像素，然后计算出该行所有白像素的个数，若该行有 N 个白像素，则在投影直方图中把该行从第一列到第 N 列置为黑。

（3）显示水平投影直方图。

2. 垂直投影

实现步骤如下。

（1）完成人脸图像二值化。

（2）循环各列，依次判断每一行的像素是否为白像素，统计该列所有白像素的个数，设该列共有 N 个白像素，则垂直投影直方图把该列从第一行到第 N 行置为黑。

（3）显示垂直投影直方图。

7.4.2 脸部区域定位

1. 理论基础

人脸投影定位检测是专为脸部检测所设计的，其功能就是通过反复多次的水平和垂直投影计算，不断地切割掉人脸以外的无用信息，以准确定位人脸所在位置。

水平投影直方图如图 7-8 所示。基于人脸图像的水平投影图在纵向上直观地反映了人脸所在位置，便于我们进行快速准确的切割定位。二值化后的人脸图像中，黑发与背景浑然一体。由于面部黑像素往往可能是人脸部件（如眼睛、嘴巴等）或在光照下产生的轮廓阴影，而这些信息是图像分割定位的重要依据。很容易看出，由上到下开始有白像素的位置可定位为人脸的上边界，而其他凹点为黑像素增加的位置，可以判定为人脸部件所在位置或在光照下所产生的轮廓阴影，这非常有利于切割定位人脸特征。

垂直投影直方图如图 7-9 所示。该垂直投影图中白像素突然增加/减少的部分确定为人脸左/右边界的粗略位置。

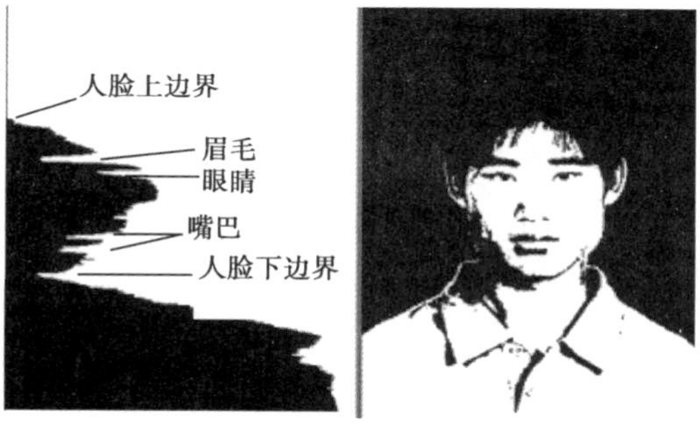

图 7-8 水平投影直方图

图 7-9 垂直投影直方图

首先通过水平投影直方图粗略定位包括人耳在内的人脸区域，其余不相关的部分置为灰色；然后通过垂直投影直方图去除人耳，更精确地定位出人脸左右边界的位置。采用水平投影和垂直投影的方法，不断缩小寻找特征的范围，为切割关键部位打下基础。

2. 实现步骤

（1）去除无用的衣服部分的信息。将图像下部的30%部分视为无用信息，将其置为灰色。

（2）粗略定位脸部的上下边界。对图像做水平投影，对投影图像从上到下循环并比较投影值大小。记投影值第一次显著下降的位置为眉毛的上边界 meimao，人为设定脸部的下边界 bottom。

（3）去除眉毛以上及嘴部以下的无用信息，将其置为灰色。

（4）对图像做水平投影直方图，粗略定位脸部的左右边界，处理后为带有左右耳的人脸。对图像投影值从左到中间循环并比较大小，记录投影值显著增大的位置为左边界 left；同理，对图像投影值从右到中间循环得到右边界 right。

（5）去除左侧及右侧的无用信息，将其置为灰色。

（6）精确定位脸部的左右边界，去除左右耳。再次对图像做垂直投影直方图，计算垂直投影值的均值，对投影图像从左到右循环找到第一次白像素值大于均值的位置，更新左边界 left，对图像从右到左循环找到第一次白像素值大于均值的位置，更新右边界 right。

（7）将找到的左耳信息置为灰色。

3. 关键代码

```
////////////脸部粗略定位
//高度切割(将下面的 30%部分置为灰色)
        int bottom=int(nHeight*0.3);
        for(int i=0;i<nWeidth;i++)
                for(int j=0;j<nHeight*0.3;j++)
                {
                        memset(&cdibNew->m_pData[(j*nWeidth+i)*3+j*offset],200,3);
                }
//水平投影直方统计（粗略计算上下边界）
        for(i=0;i<nHeight;i++)
                for(int j=0;j<nWeidth;j++)
                {
                        if(cdibNew->m_pData[(i*nWeidth+j)*3+i*offset]==255&&
                                cdibNew->m_pData[(i*nWeidth+j)*3+i*offset+1]==255&&
                                cdibNew->m_pData[(i*nWeidth+j)*3+i*offset+2]==255)
                                count_h[i]++;
                }
                int meimao=0,yanjing=0;
                //从上到下开始循环，找到水平投影值显著下降的位置，可以确定是眉毛
                for(i=nHeight-1;i>0;i--)
                {
                        if(count_h[i]>count_h[i-1]+5)
                        {
```

```
                    if(meimao==0)meimao=i;
                    else if(yanjing==0)yanjing=i;
                    else break;
                }
            }
            bottom=meimao-(meimao-bottom)/2-50;
          //眉毛以上置为灰色，默认的嘴部下边界置为灰色
            for(i=0;i<nWeidth;i++)
                for(int j=meimao;j<nHeight;j++)
                {
                    memset(&cdibNew->m_pData[(j*nWeidth+i)*3+j*offset],200,3);
                }
            for(i=0;i<nWeidth;i++)
                for(int j=0;j<bottom;j++)
                {
                     memset(&cdibNew->m_pData[(j*nWeidth+i)*3+j*offset],200,3);
                }
        //垂直投影直方统计
                for(i=0;i<nWeidth;i++)
                {
                    for(int j=0;j<nHeight;j++)
                    {
                        if(cdibNew->m_pData[(j*nWeidth+i)*3+j*offset]==255&&
                            cdibNew->m_pData[(j*nWeidth+i)*3+j*offset+1]==255&&
                            cdibNew->m_pData[(j*nWeidth+i)*3+j*offset+2]==255)
                            count_w[i]++;
                    }
                }
    //根据垂直投影突然增大的位置确定脸的左右宽度
        int left=0,right=0;
        for(i=0;i<nWeidth/2;i++)
        {
            if(abs(count_w[i]-count_w[i+1])>5)
            {
                left=i;
                break;
            }
        }
        for(i=nWeidth-1;i>nWeidth/2;i--)
        {
            if(abs(count_w[i]-count_w[i-1])>5)
            {
                right=i;
```

```
                    break;
                }
            }
        //将不在人脸处的图像像素置 200，灰色
            for(i=0;i<left;i++)
                for(int j=0;j<nHeight;j++)
                {
                    memset(&cdibNew->m_pData[(j*nWeidth+i)*3+j*offset],200,3);
                }
            for(i=nWeidth-1;i>right;i--)
                for(int j=0;j<nHeight;j++)
                {
                    memset(&cdibNew->m_pData[(j*nWeidth+i)*3+j*offset],200,3);
                }
    //重新计算水平投影
                ZeroMemory(count_w,nWeidth*sizeof(int));
                for(i=0;i<nWeidth;i++)
                {
                    for(int j=0;j<nHeight;j++)
                    {
                        if(cdibNew->m_pData[(j*nWeidth+i)*3+j*offset]==255&&
                            cdibNew->m_pData[(j*nWeidth+i)*3+j*offset+1]==255&&
                            cdibNew->m_pData[(j*nWeidth+i)*3+j*offset+2]==255)
                            count_w[i]++;
                    }
                }
    //按照投影数量再次确定左右边界位置
                int values=0;
                for(i=0;i<nWeidth;i++)
                {
                    values+=count_w[i];
                }
                values/=nWeidth;
                left=right=0;
                for(i=0;i<nWeidth;i++)
                {
                    if(count_w[i]>values)
                    {
                        left=i;
                        break;
                    }
                }
                for(i=nWeidth-1;i>0;i--)
```

```
            {
                if(count_w[i]>values)
                {
                    right=i;
                    break;
                }
            }
            for(i=0;i<left;i++)
                for(int j=0;j<nHeight;j++)
                {
                    memset(&cdibNew->m_pData[(j*nWeidth+i)*3+j*offset],200,3);
                }

                for(i=nWeidth-1;i>right;i--)
                    for(int j=0;j<nHeight;j++)
                    {
                        memset(&cdibNew->m_pData[(j*nWeidth+i)*3+j*offset],200,3);
    }
```

4. 效果图

脸部区域定位效果如图 7-10 所示。

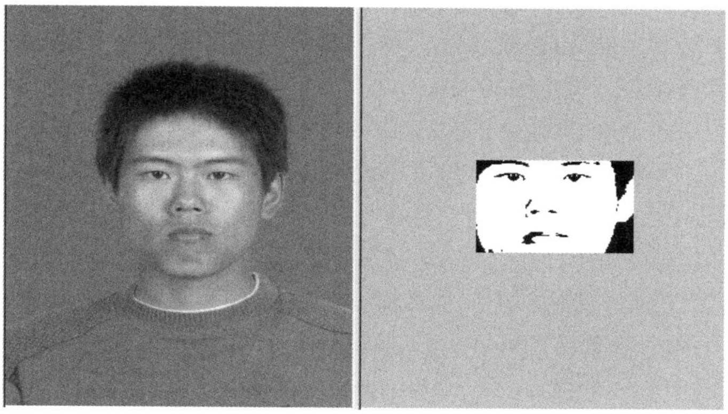

图 7-10 脸部区域定位效果

7.4.3 眼部区域定位

1. 理论基础

人眼定位投影检测是在人脸准确定位的基础上，为进一步定位人眼位置所设计的。先粗略切割出眼部图像，进行反复多次的水平和垂直投影计算，再通过人眼定位投影检测器分析人眼所在的区域，不断切割掉人眼以外的无用信息，逐步实现人眼的精确定位。

左眼位置变量表示如下。

（1）上边界为 left_eye_top。

（2）下边界为 left_eye_bottom。

（3）左边界为 left_eye_left。

（4）右边界为 left_eye_right。

右眼位置变量表示如下。

（1）上边界为 right_eye_top。

（2）下边界为 right_eye_bottom。

（3）左边界为 right_eye_left。

（4）右边界为 right_eye_right。

2. 实现步骤

（1）粗略定位眼部的下边界，切割眼部图像。对图像做水平投影直方图，从上到下循环找到全白像素行，记为眼部的下边界 eye_up。

（2）置眼部下边界以下的图像全部为灰色，去除眼部以下的所有图像。

（3）精确定位左眼的右边界和右眼的左边界。做水平投影直方图，计算左眼右边界及右眼左边界。对图像从中间到左边循环找到全白像素列，记为左眼右边界 left_eye_right，从中间到右边循环找到全白像素列，记为右眼左边界 right_eye_left。

（4）保留左右眼部区域各长为 25（像素），置中间部分及眼部左边和右边的部分为灰色。

（5）精确定位左眼下边界。从眼睛下部向上循环找到左眼中间位置第一次出现黑像素点的行，更新为左眼下边界 left_eye_bottom，将大量样品的眼睛高度均值 12（像素）作为左眼的高度，并据此计算左眼的上边界 left_eye_top。

（6）去除左眼眉毛及下部的无用信息，并将其置为灰色。

（7）同步骤（5），精确定位右眼下边界 right_eye_bottom 和上边界 right_eye_top，并去除右眼眉毛及下部的无用信息，将其置为灰色。

（8）再一次精确定位人眼的位置。循环找到左眼最左边的黑像素点所在列作为左眼的左边界 left_eye_left，循环找到右眼最右边的黑像素点所在列作为右眼的右边界 right_eye_right，循环找到左眼最上方出现的黑像素点所在行作为左眼的上边界 left_eye_top，循环找到右眼最上方出现的黑像素点所在行作为右眼的上边界 right_eye_top。

（9）去除无关信息，将确定的眼睛区域以外的信息置为灰色。

3. 关键代码

```
//重新计算垂直投影
ZeroMemory(count_h,nWeidth*sizeof(int));
for(i=0;i<nHeight;i++)
{
    for(int j=0;j<nWeidth;j++)
    {
        if(cdibNew->m_pData[(i*nWeidth+j)*3+i*offset]==255&&
            cdibNew->m_pData[(i*nWeidth+j)*3+i*offset+1]==255&&
```

```
                cdibNew->m_pData[(i*nWeidth+j)*3+i*offset+2]==255)
                count_h[i]++;
        }
    }
        BYTE *temp1=new BYTE[cdibNew->GetSize()];
        memcpy(temp1,cdibNew->GetData(),cdibNew->GetSize());
          //计算鼻子以上位置
            int eye_up=0;
            for(i=nHeight-1;i>=0;i--)
            {
                if(count_h[i]>right-left-1)
                {
                    eye_up=i;              //行全白，人眼下边界
                    break;
                }
            }
            for(i=0;i<nWeidth;i++)
                for(int j=0;j<eye_up;j++)
                {
                    memset(&cdibNew->m_pData[(j*nWeidth+i)*3+j*offset],200,3);
                }
          //水平投影
            ZeroMemory(count_w,nWeidth*sizeof(int));
            for(i=0;i<nWeidth;i++)
            {
                for(int j=0;j<nHeight;j++)
                {
                    if(cdibNew->m_pData[(j*nWeidth+i)*3+j*offset]==255&&
                        cdibNew->m_pData[(j*nWeidth+i)*3+j*offset+1]==255&&
                        cdibNew->m_pData[(j*nWeidth+i)*3+j*offset+2]==255)
                        count_w[i]++;
                }
            }
            //精确人眼的位置
            left_eye_right=0;right_eye_left=0;
            for(i=(right+left)/2;i>=0;i--)
            {
            if(count_w[i]<abs(eye_up-meimao))
                {
                    left_eye_right=i;        //左眼右边界
                    break;
                }
            }
```

```
        for(i=(right+left)/2;i<nWeidth;i++)
        {

            if(count_w[i]<abs(eye_up-meimao))
            {
                right_eye_left=i;              //右眼左边界
                break;
            }
        }
        for(i=0;i<left_eye_right-25;i++)            //眉毛长 25
            for(int j=0;j<nHeight;j++)
            {
                memset(&cdibNew->m_pData[(j*nWeidth+i)*3+j*offset],200,3);
            }
        for(i=left_eye_right;i<right_eye_left;i++)
            for(int j=0;j<nHeight;j++)
            {
                memset(&cdibNew->m_pData[(j*nWeidth+i)*3+j*offset],200,3);
            }
        for(i=right_eye_left+25;i<nWeidth;i++)
            for(int j=0;j<nHeight;j++)
            {
                    memset(&cdibNew->m_pData[(j*nWeidth+i)*3+j*offset],200,3);
            }
    left_eye_right=left_eye_right;
    right_eye_left=right_eye_left;
    for(i=eye_up;i<nHeight;i++)
    {
        if(cdibNew->m_pData[(i*nWeidth+left_eye_right-12)*3+i*offset]!=255)
        {
            left_eye_bottom=i;break;              //左眼新下边界
        }
    }
    left_eye_top=left_eye_bottom+12;
    for(i=left_eye_right-25;i<left_eye_right;i++)
        for(int j=eye_up;j<left_eye_top-12;j++)
        {
            memset(&cdibNew->m_pData[(j*nWeidth+i)*3+j*offset],200,3);
        }
    for(i=left_eye_right-25;i<left_eye_right;i++)
        for(int j=left_eye_top;j<nHeight;j++)
        {
            memset(&cdibNew->m_pData[(j*nWeidth+i)*3+j*offset],200,3);
```

```
            }
            right_eye_left=right_eye_left;
            for(i=eye_up;i<nHeight;i++)
            {
                if(cdibNew->m_pData[(i*nWeidth+right_eye_left+12)*3+i*offset]!=255)
                {
                    right_eye_bottom=i;break;
                }
            }
            right_eye_top=right_eye_bottom+12;
            for(i=left_eye_right;i<nWeidth;i++)
                for(int j=eye_up;j<right_eye_top-12;j++)
                {
                    memset(&cdibNew->m_pData[(j*nWeidth+i)*3+j*offset],200,3);
                }
                for(i=0;i<nWeidth;i++)
                    for(int j=right_eye_top;j<nHeight;j++)
                    {
                        memset(&cdibNew->m_pData[(j*nWeidth+i)*3+j*offset],200,3);
            }
        //再次处理
              left_eye_top=left_eye_left=
              right_eye_top=right_eye_right=0;
                for(i=0;i<left_eye_right;i++)
                {
                    for(int j=0;j<nHeight;j++)
                    {
                        if(cdibNew->m_pData[(j*nWeidth+i)*3+j*offset]==0)
                        {
                            left_eye_left=i;
                            break;
                        }
                    }
           if(left_eye_left!=0)break;
                }
                for(i=nWeidth-1;i>right_eye_left;i--)
                {
                    for(int j=0;j<nHeight;j++)
                    {
                        if(cdibNew->m_pData[(j*nWeidth+i)*3+j*offset]==0)
                        {
                            right_eye_right=i;
                            break;
```

```
                }
            }
        if(right_eye_right!=0)break;
            }
            for(i=nHeight-1;i>eye_up;i--)
            {
                for(int j=0;j<left_eye_right;j++)
                {
                    if(cdibNew->m_pData[(i*nWeidth+j)*3+i*offset]==0)
                    {
                        left_eye_top=i;
                        break;
                    }
                }if(left_eye_top!=0)break;
            }
            for(i=nHeight-1;i>eye_up;i--)
            {
                for(int j=right_eye_left;j<nWeidth;j++)
                {
                    if(cdibNew->m_pData[(i*nWeidth+j)*3+i*offset]==0)
                    {
                        right_eye_top=i;
                        break;
                    }
                }
              if(right_eye_top!=0)break;
            }
            for(i=0;i<left_eye_left;i++)
                for(int j=0;j<nHeight;j++)
                {
                    memset(&cdibNew->m_pData[(j*nWeidth+i)*3+j*offset],200,3);
                }
                //Invalidate();
                //return;
            for(i=left_eye_right;i<right_eye_left;i++)
                for(int j=0;j<nHeight;j++)
                {
                    memset(&cdibNew->m_pData[(j*nWeidth+i)*3+j*offset],200,3);
                }
            for(i=right_eye_right;i<nWeidth;i++)
                for(int j=0;j<nHeight;j++)
                {
                    memset(&cdibNew->m_pData[(j*nWeidth+i)*3+j*offset],200,3);
```

```
        }
    for(i=0;i<nWeidth;i++)
        for(int j=left_eye_top;j<nHeight;j++)
        {
            memset(&cdibNew->m_pData[(j*nWeidth+i)*3+j*offset],200,3);
        }
    for(i=0;i<nWeidth;i++)
        for(int j=right_eye_top;j<nHeight;j++)
        {
            memset(&cdibNew->m_pData[(j*nWeidth+i)*3+j*offset],200,3);
        }
```

4. 效果图

眼部区域定位效果如图 7-11 所示。

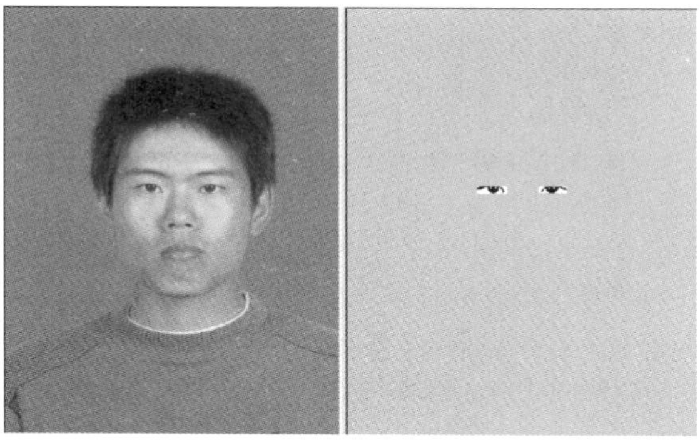

图 7-11 眼部区域定位效果

7.4.4 嘴部区域定位

嘴巴定位投影检测是在人脸准确定位的基础上，为进一步定位嘴巴位置所设计的。当然可以参照 7.4.2 节眼睛定位的方法，进行多次复合投影，定位嘴巴所在的位置，而这里采用简单的搜索方式，增加了代码的变化性和多样性。

嘴巴位置变量表示如下。

（1）下边界为 mouth_bottom。

（2）上边界为 mouth_up。

（3）左边界为 mouth_left。

（4）右边界为 mouth_right。

1. 实现步骤

（1）根据眼睛和嘴巴的比例，粗略定位出嘴部位置，切割嘴部图像。

（2）精确定位嘴部的上、下、左、右边界。对图像从下到上循环，通过找到第一次出现的黑像素点所在的行计算嘴部的下边界 mouth_bottom；从上到下循环，通过找到第一次出现的黑像素点所在的行计算嘴部的上边界 mouth_up；从左到右循环，通过找到第一次出现黑像素点所在的列计算嘴部的左边界 mouth_left；从右到左循环，通过找到第一次出现黑像素点所在的列计算嘴部的右边界 mouth_right。

（3）将无关信息区置为灰色。

2. 关键代码

```
BYTE *temp2=new BYTE[cdibNew->GetSize()];
memcpy(temp2,cdibNew->GetData(),cdibNew->GetSize());
memcpy(cdibNew->GetData(),temp1,cdibNew->GetSize());
for(i=0;i<nWeidth;i++)
    for(int j=eye_up-40;j<nHeight;j++)
    {
        memset(&cdibNew->m_pData[(j*nWeidth+i)*3+j*offset],200,3);
    }
for(i=0;i<nWeidth;i++)
    for(int j=0;j<eye_up-70;j++)
        {
            memset(&cdibNew->m_pData[(j*nWeidth+i)*3+j*offset],200,3);
    }
for(i=0;i<left_eye_right-10;i++)
    for(int j=0;j<nHeight;j++)
    {
        memset(&cdibNew->m_pData[(j*nWeidth+i)*3+j*offset],200,3);
    }
    for(i=right_eye_left+10;i<nWeidth;i++)
        for(int j=0;j<nHeight;j++)
        {
            memset(&cdibNew->m_pData[(j*nWeidth+i)*3+j*offset],200,3);
    }
//嘴巴
mouth_up=mouth_bottom=0;
mouth_left=mouth_right=0;
for(i=0;i<nHeight;i++)
{
    for(int j=0;j<nWeidth;j++)
    {
        if(cdibNew->m_pData[(i*nWeidth+j)*3+i*offset]==0)
        {
            mouth_bottom=i+1;break;
        }

    }if(mouth_bottom!=0)break;
}
```

```
for(i=nHeight-1;i>0;i--)
{
    for(int j=0;j<nWeidth;j++)
    {
        if(cdibNew->m_pData[(i*nWeidth+j)*3+i*offset]==0)
        {
            mouth_up=i-1;break;
        }
    }if(mouth_up!=0)break;
}
for(i=0;i<nWeidth;i++)
{
    for(int j=0;j<nHeight;j++)
    {
        if(cdibNew->m_pData[(j*nWeidth+i)*3+j*offset]==0)
        {
            mouth_left=i-1;break;
        }
    }if(mouth_left!=0)break;
}
for(i=nWeidth-1;i>0;i--)
{
    for(int j=0;j<nHeight;j++)
    {
        if(cdibNew->m_pData[(j*nWeidth+i)*3+j*offset]==0)
        {
            mouth_right=i+1;break;
        }
    }if(mouth_right!=0)break;
}
for(i=0;i<mouth_left;i++)
    for(int j=0;j<nHeight;j++)
    {
        memset(&cdibNew->m_pData[(j*nWeidth+i)*3+j*offset],200,3);
    }
for(i=mouth_right;i<nWeidth;i++)
    for(int j=0;j<nHeight;j++)
    {
        memset(&cdibNew->m_pData[(j*nWeidth+i)*3+j*offset],200,3);
    }
for(i=0;i<nWeidth;i++)
    for(int j=mouth_up;j<nHeight;j++)
    {
```

```
                memset(&cdibNew->m_pData[(j*nWeidth+i)*3+j*offset],200,3);
            }

    for(i=0;i<nWeidth;i++)
            for(int j=0;j<mouth_bottom;j++)
            {
                memset(&cdibNew->m_pData[(j*nWeidth+i)*3+j*offset],200,3);
            }
```

3. 效果图

嘴部定位效果如图 7-12 所示。

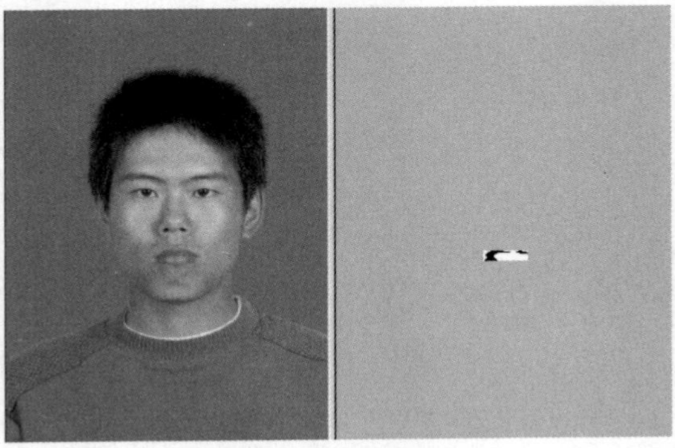

图 7-12　嘴部定位效果

7.5 特征提取

1. 理论基础

因为眼睛和嘴巴之间的比例关系对于每个人来说是固定的。本系统对人脸图像提取的特征共有 6 个。

（1）左眼宽比：左眼宽度与左眼到右眼宽度的比值。

（2）左眼高比：左眼高度与左眼到嘴巴距离的比值。

（3）右眼宽比：右眼宽度与左眼到右眼宽度的比值。

（4）右眼高比：右眼高度与右眼到嘴巴高度的比值。

（5）嘴宽比：嘴巴宽度与左眼到右眼宽度的比值。

（6）嘴高比：嘴巴高度与嘴巴到人眼高度的比值。

这 6 个特征所表达的含义如下。

（1）左眼宽比是左眼宽除以双眼间宽度所得的值，如图 7-13 所示。

（2）左眼高比是左眼高度除以眼到嘴巴的垂直距离所得的值，如图 7-14 所示。

（3）右眼宽比是右眼宽度除以双眼间宽度所得的值，如图 7-15 所示。

（4）右眼高比是右眼高除以右眼到嘴巴的垂直距离所得的值，如图 7-16 所示。

（5）嘴宽比是嘴巴宽度除以双眼间宽度所得的值，如图 7-17 所示。

（6）嘴高比是嘴巴高度除以眼到嘴的垂直高度所得的值，如图 7-18 所示。

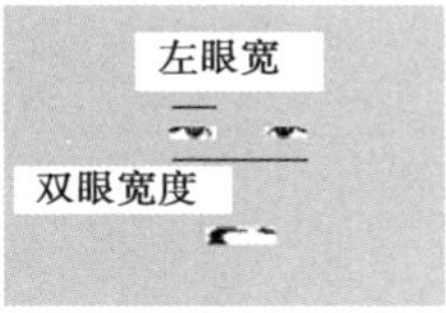

图 7-13　左眼宽比

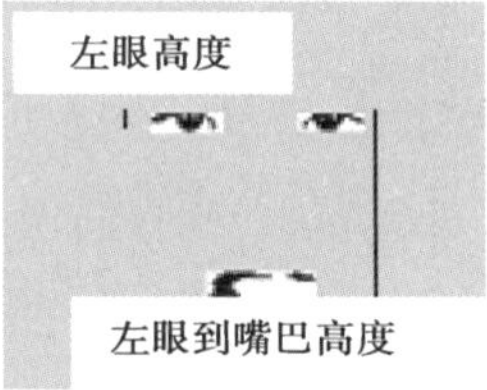

图 7-14　左眼高比

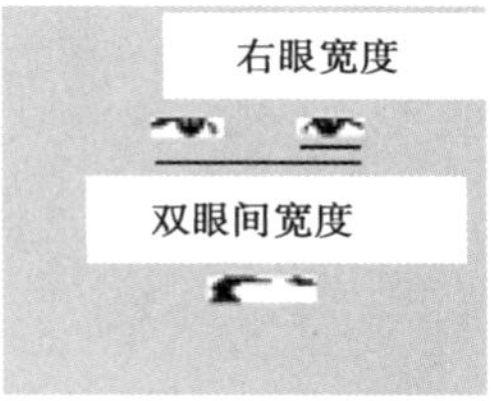

图 7-15　右眼宽比

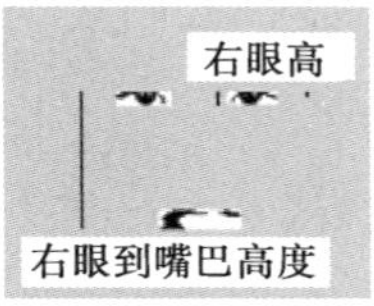

图 7-16　右眼高比

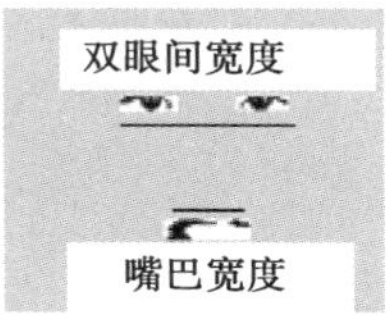

图 7-17　嘴宽比

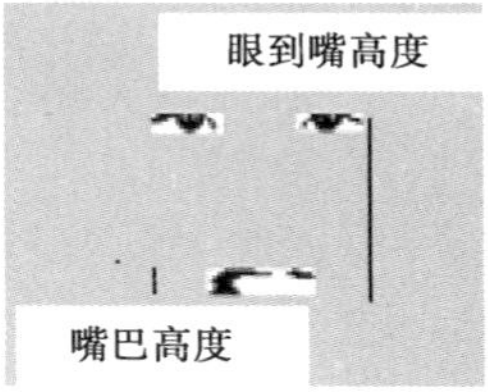

图 7-18　嘴高比

2. 切割代码

```
void CTESTView2::Qiege()
{
    CDib *ppppp=&GetDocument()->cdib;                    //获得原位（左视图）图指针
    int pic1W=left_eye_right-left_eye_left;              //左眼宽度
    int pic1H=left_eye_top-left_eye_bottom;              //左眼高度
    int pic1OS=pic1W*3%4==0?0:4-pic1W*3%4;               //左眼偏移量

    int pic2W=right_eye_right-right_eye_left;            //右眼宽度
    int pic2H=right_eye_top-right_eye_bottom;            //右眼高度
    int pic2OS=pic2W*3%4==0?0:4-pic2W*3%4;               //右眼偏移量

    int pic3W=mouth_right-mouth_left;                    //嘴巴宽度
    int pic3H=mouth_up-mouth_bottom;                     //嘴巴高度
    int pic3OS=pic3W*3%4==0?0:4-pic3W*3%4;               //嘴巴偏移量

    pic1.pDib=new BYTE[pic1H*pic1W*3+(pic1H-1)*pic1OS+40];   //左眼开辟内存
    pic2.pDib=new BYTE[pic2H*pic2W*3+(pic2H-1)*pic2OS+40];   //右眼开辟内存
    pic3.pDib=new BYTE[pic3H*pic3W*3+(pic3H-1)*pic3OS+40];   //嘴巴开辟内存

    ZeroMemory(pic1.pDib,pic1H*pic1W*3+(pic1H-1)*pic1OS+40);   //数据置 0
    ZeroMemory(pic2.pDib,pic2H*pic2W*3+(pic2H-1)*pic2OS+40);
    ZeroMemory(pic3.pDib,pic3H*pic1W*3+(pic3H-1)*pic3OS+40);

    pic1.m_pData=pic1.pDib+40;                           //数据区指针
```

```
pic2.m_pData=pic2.pDib+40;
pic3.m_pData=pic3.pDib+40;

//从原始图像高度为 0 开始循环
//如果发现三个区域（两眼和嘴巴）在这一行这一列，就复制（宽度*3）个像素数据到三图像数据

for(int i=0;i<nHeight;i++)
{
    if(i<left_eye_top&&i>=left_eye_bottom)                         //如果左眼在这一行
    {
        memcpy(&pic1.m_pData[(i-left_eye_bottom)*pic1W*3+(i-left_eye_bottom)*pic1OS],
            &cdibNew->m_pData[(i*nWeidth+left_eye_left)*3+i*offset],pic1W*3);
    }
    if(i<right_eye_top&&i>=right_eye_bottom)                       //如果右眼在这一行
    {
        memcpy(&pic2.m_pData[(i-right_eye_bottom)*pic2W*3+(i-right_eye_bottom)*pic2OS],
            &cdibNew->m_pData[(i*nWeidth+right_eye_left)*3+i*offset],pic2W*3);
    }
    if(i<mouth_up&&i>=mouth_bottom)                                //如果嘴巴在这一行
    {
        memcpy(&pic3.m_pData[(i-mouth_bottom)*pic3W*3+(i-mouth_bottom)*pic3OS],
            &cdibNew->m_pData[(i*nWeidth+mouth_left)*3+i*offset],pic3W*3);
    }
}

pic1.m_pRGB=NULL;                                                  //没有颜色
pic2.m_pRGB=NULL;
pic3.m_pRGB=NULL;

pic1.m_pBitmapInfoHeader=(BITMAPINFOHEADER*)pic1.pDib;             //获得位图信息头
pic2.m_pBitmapInfoHeader=(BITMAPINFOHEADER*)pic2.pDib;
pic3.m_pBitmapInfoHeader=(BITMAPINFOHEADER*)pic3.pDib;

memcpy(pic1.m_pBitmapInfoHeader,cdibNew->m_pBitmapInfoHeader,40);  //复制位图信息头
memcpy(pic2.m_pBitmapInfoHeader,cdibNew->m_pBitmapInfoHeader,40);
memcpy(pic3.m_pBitmapInfoHeader,cdibNew->m_pBitmapInfoHeader,40);

pic1.m_pBitmapInfoHeader->biHeight=pic1H;                          //修改左眼数据
pic1.m_pBitmapInfoHeader->biWidth=pic1W;

pic2.m_pBitmapInfoHeader->biHeight=pic2H;                          //修改右眼数据
pic2.m_pBitmapInfoHeader->biWidth=pic2W;
```

```
        pic3.m_pBitmapInfoHeader->biHeight=pic3H;        //修改嘴巴数据
        pic3.m_pBitmapInfoHeader->biWidth=pic3W;

        pic1.m_pBitmapInfoHeader->biSizeImage=pic1.GetSize();
        pic2.m_pBitmapInfoHeader->biSizeImage=pic2.GetSize();
        pic3.m_pBitmapInfoHeader->biSizeImage=pic3.GetSize();

        pic1.m_pBitmapInfo=(BITMAPINFO*)pic1.pDib;
        pic2.m_pBitmapInfo=(BITMAPINFO*)pic2.pDib;
        pic3.m_pBitmapInfo=(BITMAPINFO*)pic3.pDib;
        memcpy(&pic1.bitmapFileHeader,&cdibNew->bitmapFileHeader,14);
        memcpy(&pic2.bitmapFileHeader,&cdibNew->bitmapFileHeader,14);
        memcpy(&pic3.bitmapFileHeader,&cdibNew->bitmapFileHeader,14);

        pic1.bitmapFileHeader.bfSize=54+pic1.GetSize();
        pic2.bitmapFileHeader.bfSize=54+pic2.GetSize();
        pic3.bitmapFileHeader.bfSize=54+pic3.GetSize();

        pic1.SaveFile("eye1.bmp");                       //保存左眼文件
        pic2.SaveFile("eye2.bmp");                       //保存右眼文件
        pic3.SaveFile("mouth.bmp");                      //保存嘴巴文件
        isQiege=TRUE;
}
```

3. 特征提取代码

```
void CTESTView2::OnQiege()
{
        // TODO: Add your command handler code here
        CTESTDoc *pDoc=GetDocument();                    //获得文档指针
        if(pDoc->isRead&&setup==2)                       //确保文件已经读取，并且进行了二值化和去除背景
        {
                cdibNew=&pDoc->cdibNew;
                int i,j;
                int bytewidth=cdibNew->GetDibWidthBytes();
                SetOffset();
                setup=3;
                GuliOut();                               //消除孤立的像素点
                int *count_w=new int[nWeidth];           //水平投影数量
                int *count_h=new int[nHeight];           //垂直投影数量
                ZeroMemory(count_w,nWeidth*sizeof(int)); //置 0
                ZeroMemory(count_h,nHeight*sizeof(int)); //置 0
                //消除孤立噪声点
                for( i=1;i<nWeidth-1;i++)
```

```
            for( j=1;j<nHeight-1;j++)
            {
                if(cdibNew->m_pData[j*bytewidth+i*3]==0&&
                    cdibNew->m_pData[(j*nWeidth+i+1)*3+j*offset]==255&&
                    cdibNew->m_pData[((j+1)*nWeidth+i)*3+j*offset]==255&&
                    cdibNew->m_pData[(j*nWeidth+i-1)*3+j*offset]==255&&
                    cdibNew->m_pData[((j-1)*nWeidth+i)*3+j*offset]==255)
                {
                    memset(&cdibNew->m_pData[j*bytewidth+i*3],255,3);
                }


            }
//////脸部粗略定位
        //高度切割(将下面的 30%部分置为灰色)
        int bottom=int(nHeight*0.3);
        for( i=0;i<nWeidth;i++)
            for( j=0;j<nHeight*0.3;j++)
            {
                memset(&cdibNew->m_pData[j*bytewidth+i*3],200,3);
            }
//垂直投影直方统计（粗略计算上下边界）
            for(i=0;i<nHeight;i++)
                for(int j=0;j<nWeidth;j++)
                {
                    if(cdibNew->m_pData[(i*nWeidth+j)*3+i*offset]==255&&
                        cdibNew->m_pData[(i*nWeidth+j)*3+i*offset+1]==255&&
                        cdibNew->m_pData[(i*nWeidth+j)*3+i*offset+2]==255)
                        count_h[i]++;
                }
            //眉毛、眼睛的大概位置
            int meimao=0,yanjing=0;
            //从上到下开始循环，找到水平投影值降低的位置为眉毛上边界
            for(i=nHeight-1;i>0;i--)
            {
                if(count_h[i]>count_h[i-1]+5)
                {
                    if(meimao==0)meimao=i+3;
                    else if(yanjing==0)yanjing=i+3;
                    else break;
                }
            }
            bottom=meimao-(meimao-bottom)/2-50;        //嘴部下边界
            //眉毛以上置灰色，默认的嘴部下边界置为灰色
```

```
        for(i=0;i<nWeidth;i++)
            for(int j=meimao;j<nHeight;j++)
            {
                memset(&cdibNew->m_pData[j*bytewidth+i*3],200,3);
            }

        for(i=0;i<nWeidth;i++)
            for(int j=0;j<bottom;j++)
            {
                memset(&cdibNew->m_pData[j*bytewidth+i*3],200,3);
            }
    //水平投影直方统计
        for(i=0;i<nWeidth;i++)
            for(int j=0;j<nHeight;j++)
            {
                if(cdibNew->m_pData[j*bytewidth+i*3]==255&&
                    cdibNew->m_pData[j*bytewidth+i*3+1]==255&&
                    cdibNew->m_pData[j*bytewidth+i*3+2]==255)
                    count_w[i]++;
            }

    //首次确定左右位置，根据出现的白色区域确定
    //确定脸的左右宽度，根据垂直投影突然增大的位置确定
        int left=0,right=0;
        for(i=0;i<nWeidth/2;i++)
        {
            if(abs(count_w[i]-count_w[i+1])>5)
            {
                left=i;
                break;
            }
        }

        for(i=nWeidth-1;i>nWeidth/2;i--)
        {
            if(abs(count_w[i]-count_w[i-1])>5)
            {
                right=i;
                break;
            }
        }

        //将不在人脸处的图像像素置 200、灰色
```

```
        for(i=0;i<left;i++)
            for(int j=0;j<nHeight;j++)
            {
                memset(&cdibNew->m_pData[j*bytewidth+i*3],200,3);
            }

        for(i=nWeidth-1;i>right;i--)
            for(int j=0;j<nHeight;j++)
            {
                memset(&cdibNew->m_pData[j*bytewidth+i*3],200,3);
            }
    //重新计算水平投影
        ZeroMemory(count_w,nWeidth*sizeof(int));
        for(i=0;i<nWeidth;i++)
        {
            for(int j=0;j<nHeight;j++)
            {
                if(cdibNew->m_pData[j*bytewidth+i*3]==255&&
                    cdibNew->m_pData[j*bytewidth+i*3+1]==255&&
                    cdibNew->m_pData[j*bytewidth+i*3+2]==255)
                    count_w[i]++;
            }
        }
    //再次确定左右位置，根据投影数量确定
        int values=0;
        for(i=0;i<nWeidth;i++)
        {
            values+=count_w[i];
        }
        values/=nWeidth;

        left=right=0;
        for(i=0;i<nWeidth;i++)
        {
            if(count_w[i]>values+5)
            {
                left=i;
                break;
            }
        }
        for(i=nWeidth-1;i>0;i--)
        {
            if(count_w[i]>values+5)
```

```
            {
                right=i;
                break;
            }
        }
        for(i=0;i<left;i++)
            for(int j=0;j<nHeight;j++)
            {
                memset(&cdibNew->m_pData[j*bytewidth+i*3],200,3);
            }

        for(i=nWeidth-1;i>right;i--)
            for(int j=0;j<nHeight;j++)
            {
                memset(&cdibNew->m_pData[j*bytewidth+i*3],200,3);
            }

    ////////////眼部粗略定位
    //重新计算垂直投影
        ZeroMemory(count_h,nWeidth*sizeof(int));
        for(i=0;i<nHeight;i++)
            for(int j=0;j<nWeidth;j++)
            {
                if(cdibNew->m_pData[(i*nWeidth+j)*3+i*offset]==255&&
                    cdibNew->m_pData[(i*nWeidth+j)*3+i*offset+1]==255&&
                    cdibNew->m_pData[(i*nWeidth+j)*3+i*offset+2]==255)
                    count_h[i]++;
            }
        //temp1 存储的是脸部粗略定位后的图像
        BYTE *temp1=new BYTE[cdibNew->GetSize()];
        memcpy(temp1,cdibNew->GetData(),cdibNew->GetSize());
        //计算鼻子以上位置
        int eye_up=0;

        for(i=nHeight-1;i>=0;i--)
        {
            if(count_h[i]>right-left-10)
            {
                eye_up=i;                //第一次出现的全白像素行，眼睛的下边界
                break;
            }
        }
```

```
for(i=0;i<nWeidth;i++)
    for(int j=0;j<eye_up;j++)
    {
        memset(&cdibNew->m_pData[j*bytewidth+i*3],200,3);
    }
//水平投影
ZeroMemory(count_w,nWeidth*sizeof(int));
for(i=0;i<nWeidth;i++)
{
    for(int j=0;j<nHeight;j++)
    {
        if(cdibNew->m_pData[j*bytewidth+i*3]==255&&
            cdibNew->m_pData[j*bytewidth+i*3+1]==255&&
            cdibNew->m_pData[j*bytewidth+i*3+2]==255)
            count_w[i]++;
    }
}
//精确定位眼睛的位置
left_eye_right=0;right_eye_left=0;
for(i=(right+left)/2;i>=0;i--)
{

    if(count_w[i]<abs(eye_up-meimao))
    {
        left_eye_right=i;        //左眼右边界
        break;
    }
}
for(i=(right+left)/2;i<nWeidth;i++)
{

    if(count_w[i]<abs(eye_up-meimao))
    {
        right_eye_left=i;        //右眼左边界
        break;
    }
}
for(i=0;i<left_eye_right-25;i++)   //眉毛长 25
    for(int j=0;j<nHeight;j++)
    {
        memset(&cdibNew->m_pData[j*bytewidth+i*3],200,3);
    }
for(i=left_eye_right;i<right_eye_left;i++)
```

```
            for(int j=0;j<nHeight;j++)
            {
                memset(&cdibNew->m_pData[j*bytewidth+i*3],200,3);
            }
        for(i=right_eye_left+25;i<nWeidth;i++)
                for(int j=0;j<nHeight;j++)
                {
                    memset(&cdibNew->m_pData[j*bytewidth+i*3],200,3);
            }
    left_eye_right=left_eye_right;
    right_eye_left=right_eye_left;
    for(i=eye_up;i<nHeight;i++)
    {
        if(cdibNew->m_pData[(i*nWeidth+left_eye_right-12)*3+i*offset]!=255)
        {
            left_eye_bottom=i;              //左眼新下边界
            break;
        }
    }

    left_eye_top=left_eye_bottom+12;

    for(i=left_eye_right-25;i<left_eye_right;i++)
        for(int j=eye_up;j<left_eye_top-12;j++)
        {
            memset(&cdibNew->m_pData[j*bytewidth+i*3],200,3);
        }
    for(i=left_eye_right-25;i<left_eye_right;i++)
        for(int j=left_eye_top;j<nHeight;j++)
        {
            memset(&cdibNew->m_pData[j*bytewidth+i*3],200,3);
        }
        right_eye_left=right_eye_left;
        for(i=eye_up;i<nHeight;i++)
        {
            if(cdibNew->m_pData[(i*nWeidth+right_eye_left+12)*3+i*offset]!=255)
            {
                right_eye_bottom=i;break;
            }
        }
        right_eye_top=right_eye_bottom+12;
        for(i=left_eye_right;i<nWeidth;i++)
            for(int j=eye_up;j<right_eye_top-12;j++)
```

```
		{
			memset(&cdibNew->m_pData[j*bytewidth+i*3],200,3);
		}
	for(i=0;i<nWeidth;i++)
		for(int j=right_eye_top;j<nHeight;j++)
		{
			memset(&cdibNew->m_pData[j*bytewidth+i*3],200,3);
		}
	//再次处理
	left_eye_top=left_eye_left=0;
	right_eye_top=right_eye_right=0;
	for(i=0;i<left_eye_right;i++)
	{

		for(int j=0;j<nHeight;j++)
		{
			if(cdibNew->m_pData[j*bytewidth+i*3]==0)
			{
				left_eye_left=i;
				break;
			}

		}if(left_eye_left!=0)break;
	}
	for(i=nWeidth-1;i>right_eye_left;i--)
	{
		for(int j=0;j<nHeight;j++)
		{
			if(cdibNew->m_pData[j*bytewidth+i*3]==0)
			{
				right_eye_right=i;
				break;
			}

		}if(right_eye_right!=0)break;
	}

	for(i=nHeight-1;i>eye_up;i--)
	{
		for(int j=0;j<left_eye_right;j++)
		{
			if(cdibNew->m_pData[(i*nWeidth+j)*3+i*offset]==0)
			{
```

```
                left_eye_top=i;
                break;
            }
        }if(left_eye_top!=0)break;
    }

    for(i=nHeight-1;i>eye_up;i--)
    {
        for(int j=right_eye_left;j<nWeidth;j++)
        {
            if(cdibNew->m_pData[(i*nWeidth+j)*3+i*offset]==0)
            {
                right_eye_top=i;
                break;
            }

        }if(right_eye_top!=0)break;
    }


    for(i=0;i<left_eye_left;i++)
        for(int j=0;j<nHeight;j++)
        {
            memset(&cdibNew->m_pData[j*bytewidth+i*3],200,3);
        }

    for(i=left_eye_right;i<right_eye_left;i++)
        for(int j=0;j<nHeight;j++)
        {
            memset(&cdibNew->m_pData[j*bytewidth+i*3],200,3);
        }

    for(i=right_eye_right;i<nWeidth;i++)
        for(int j=0;j<nHeight;j++)
        {
            memset(&cdibNew->m_pData[j*bytewidth+i*3],200,3);
        }

    for(i=0;i<nWeidth;i++)
        for(int j=left_eye_top;j<nHeight;j++)
        {
            memset(&cdibNew->m_pData[j*bytewidth+i*3],200,3);
        }
```

```
        for(i=0;i<nWeidth;i++)
            for(int j=right_eye_top;j<nHeight;j++)
            {
                memset(&cdibNew->m_pData[j*bytewidth+i*3],200,3);
            }
////////////确定嘴部的精确位置
//处理眼睛以下，temp2 保存眼部图像
    BYTE *temp2=new BYTE[cdibNew->GetSize()];
    memcpy(temp2,cdibNew->GetData(),cdibNew->GetSize());

    memcpy(cdibNew->GetData(),temp1,cdibNew->GetSize());
    for(i=0;i<nWeidth;i++)
        for(int j=eye_up-40;j<nHeight;j++)
        {
            memset(&cdibNew->m_pData[j*bytewidth+i*3],200,3);
        }

    for(i=0;i<nWeidth;i++)
        for(int j=0;j<eye_up-70;j++)
        {
            memset(&cdibNew->m_pData[j*bytewidth+i*3],200,3);
        }

    for(i=0;i<left_eye_right-10;i++)
        for(int j=0;j<nHeight;j++)
        {
            memset(&cdibNew->m_pData[j*bytewidth+i*3],200,3);
        }
        for(i=right_eye_left+10;i<nWeidth;i++)
            for(int j=0;j<nHeight;j++)
            {
                memset(&cdibNew->m_pData[j*bytewidth+i*3],200,3);
        }

    //嘴巴
    mouth_up=mouth_bottom=0;
    mouth_left=mouth_right=0;
    for(i=0;i<nHeight;i++)
    {
        for(int j=0;j<nWeidth;j++)
        {
            if(cdibNew->m_pData[(i*nWeidth+j)*3+i*offset]==0)
```

```
            {
                mouth_bottom=i+1;break;
            }

        }if(mouth_bottom!=0)break;
    }
    for(i=nHeight-1;i>0;i--)
    {
        for(int j=0;j<nWeidth;j++)
        {
            if(cdibNew->m_pData[(i*nWeidth+j)*3+i*offset]==0)
            {
                mouth_up=i-1;break;
            }
        }if(mouth_up!=0)break;
    }

    for(i=0;i<nWeidth;i++)
    {
        for(int j=0;j<nHeight;j++)
        {
            if(cdibNew->m_pData[j*bytewidth+i*3]==0)
            {
                mouth_left=i-1;break;
            }
        }if(mouth_left!=0)break;
    }

    for(i=nWeidth-1;i>0;i--)
    {
        for(int j=0;j<nHeight;j++)
        {
            if(cdibNew->m_pData[j*bytewidth+i*3]==0)
            {
                mouth_right=i+1;break;
            }
        }if(mouth_right!=0)break;
    }

    for(i=0;i<mouth_left;i++)
        for(int j=0;j<nHeight;j++)
        {
            memset(&cdibNew->m_pData[j*bytewidth+i*3],200,3);
```

```
            }
        for(i=mouth_right;i<nWeidth;i++)
            for(int j=0;j<nHeight;j++)
            {
                memset(&cdibNew->m_pData[j*bytewidth+i*3],200,3);
            }
        for(i=0;i<nWeidth;i++)
            for(int j=mouth_up;j<nHeight;j++)
            {
                memset(&cdibNew->m_pData[j*bytewidth+i*3],200,3);
            }

        for(i=0;i<nWeidth;i++)
            for(int j=0;j<mouth_bottom;j++)
            {
                memset(&cdibNew->m_pData[j*bytewidth+i*3],200,3);
            }
            ///////////////////////////切割处理
            for(i=0;i<nWeidth;i++)
                for(int j=0;j<nHeight;j++)
                {
                    if(temp2[j*bytewidth+i*3]!=200)
                    {
memcpy(&cdibNew->m_pData[j*bytewidth+i*3],&temp2[j*bytewidth+i*3],3);
                    }
                }
          //恢复原始图像
            for(i=0;i<nWeidth;i++)
                for(int j=0;j<nHeight;j++)
                {
                    if(cdibNew->m_pData[j*bytewidth+i*3]!=200)
                    {
memcpy(&cdibNew->m_pData[j*bytewidth+i*3],&(GetDocument()->cdib.m_pData[j*bytewidth+i*3]),3);
                    }
                }

        Qiege();            //进行切割
        //以下计算此人脸的特征数据
        man.weidth=right_eye_right-left_eye_left;
        man.height=(left_eye_top>right_eye_top?right_eye_top:left_eye_top)-mouth_bottom;
```

```
        man.e_m_h=fabs(mouth_up-(left_eye_bottom<right_eye_bottom?left_eye_bottom:right_eye_bottom))/
man.height;
            man.eye_w=fabs(left_eye_right-right_eye_left)/man.weidth;
            man.id=0;
            man.left_h=fabs(left_eye_bottom-left_eye_top)/man.height;
            man.left_w=fabs(left_eye_left-left_eye_right)/man.weidth;
            man.mouth_h=fabs(mouth_up-mouth_bottom)/man.height;
            man.mouth_w=fabs(mouth_left-mouth_right)/man.weidth;

            man.next=NULL;
            man.right_h=fabs(right_eye_bottom-right_eye_top)/man.height;
            man.right_w=fabs(right_eye_top-right_eye_bottom)/man.weidth;
            Invalidate();

            delete[] temp1;
            delete[] temp2;
            delete count_h;
            delete count_w;
        }
    }
```

7.6 人脸识别实现

1. 理论基础

本系统采用模板匹配法实现人脸识别，就是在提取左眼宽比、左眼高比、右眼宽比、右眼高比、嘴宽比、嘴高比 6 个特征值的基础上，把未知的待测人脸图像和一个标准库中的图像做比较，看它们是否相同或达到一定的相似程度。

设某人脸图像样品模板为 A，其特征向量为：$\boldsymbol{X}_{\mathrm{A}}=(x_{\mathrm{a}\,\text{左眼高比}}, x_{\mathrm{a}\,\text{左眼宽比}}, x_{\mathrm{a}\,\text{右眼高比}}, x_{\mathrm{a}\,\text{右眼宽比}}, x_{\mathrm{a}\,\text{嘴宽比}}, x_{\mathrm{a}\,\text{嘴高比}})^{\mathrm{T}}$。待测人脸图像样品为 $\boldsymbol{X}=(x_{\text{左眼高比}}, x_{\text{左眼宽比}}, x_{\text{右眼高比}}, x_{\text{右眼宽比}}, x_{\text{嘴宽比}}, x_{\text{嘴高比}})^{\mathrm{T}}$。用模板匹配法来进行人脸识别的判别公式如下：

$$\begin{cases} |\boldsymbol{X}-\boldsymbol{X}_{\mathrm{A}}|/|\boldsymbol{X}|<0.05 & \boldsymbol{X}\in\boldsymbol{X}_{\mathrm{A}} \\ |\boldsymbol{X}-\boldsymbol{X}_{\mathrm{A}}|/|\boldsymbol{X}|>0.05 & \boldsymbol{X}\notin\boldsymbol{X}_{\mathrm{A}} \end{cases} \tag{7-1}$$

通过判别式（7-1），若满足相似度小于 0.05，则认为找到与人脸图像数据库中样品模板最接近的样品，确认系统识别成功。

2. 实现步骤

（1）从 data.dat 样品数据库中调出所有人的样品特征值。每个人的样品特征为左眼宽比、左眼高比、右眼宽比、右眼高比、嘴宽比、嘴高比 6 个特征值。

（2）提取待测人脸图像样品的 6 个特征值。

（3）将待测人脸样品特征向量 $\boldsymbol{X}$ 与人脸样品数据库中已知样品特征向量 $\boldsymbol{X}_i$ 代入公式进行计算：$|\boldsymbol{X}-\boldsymbol{X}_i|/|\boldsymbol{X}|$。

（4）若相似度小于 0.05，则认为找到与人脸图像样品数据库中最接近的样品，系统识别成功；否则，识别失败，将待测人脸图像特征加入样品数据库中。

3. 关键代码

```
//人脸识别函数
void CTESTView2::OnShibie()
{
	if(!isQiege||setup!=3)return;
	LoadModel();                          //加载模型
	if(count_yb==0)
	{
		MessageBox("没有发现特征数据!");
		return;
	}
	MAN *now=&yangben;
	while(now->next!=NULL)                //循环所有的特征库
	{
		//temp 暂存量,保存差量
		float temp=fabs(man.e_m_h-now->e_m_h)+
			fabs(man.eye_w-now->eye_w+
			fabs(man.left_h-now->left_h)+
			fabs(man.left_w-now->left_w)+
			fabs(man.mouth_h-now->mouth_h)+
			fabs(man.mouth_w-now->mouth_w)+
			fabs(man.right_h-now->right_h)+
			fabs(man.right_w-now->right_w));
		if(temp<0.05)                 //如果差量小于 0.05
		{
			CString temp;
			temp.Format("识别成功! 人物 ID 是: %d ",now->id);
			MessageBox(temp);
			return;
		}
		now=now->next;
	}
	MessageBox("无法识别!您需要添加人物特征库!");
}
```

4. 效果图

人脸识别效果如图 7-19 所示。

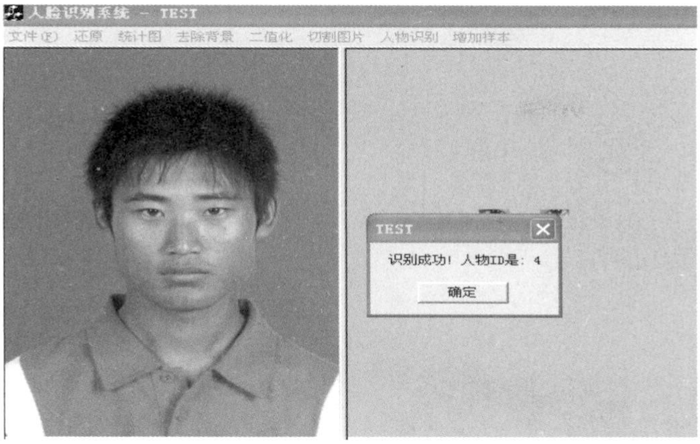
人脸识别系统 - TEST
文件(F) 还原 统计图 去除背景 二值化 切割图片 人物识别 增加样本
TEST
识别成功！人物ID是：4
确定

图 7-19　人脸识别效果

第8章

虹膜识别

8.1 虹膜图像数据特征分析

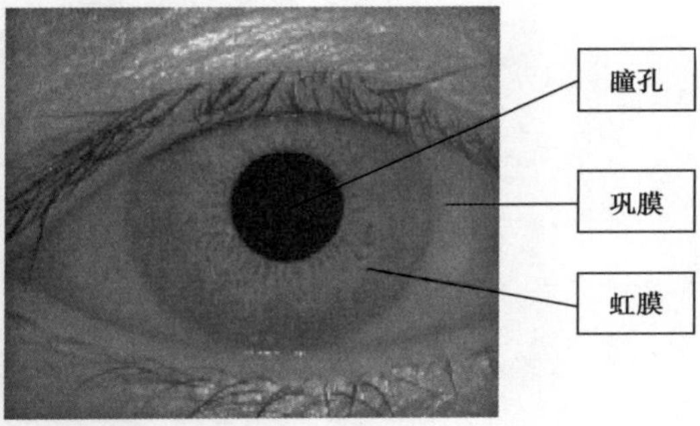

图 8-1 人眼睛的外观图

人眼睛由巩膜、虹膜和瞳孔三部分构成，人眼睛的外观如图 8-1 所示。巩膜即眼球外围的白色部分，约占总面积的 30%；眼睛中心为瞳孔部分，约占总面积的 5%；虹膜位于巩膜和瞳孔之间，包含了最丰富的纹理信息，约占总面积的 65%。

人类眼睛的虹膜与手指纹一样，是独一无二的。外观上看，虹膜由腺窝、褶皱和色素斑等构成，表面高低不平坦，有隆起和凹陷，凹陷又称为隐窝，是人体中最独特的结构之一。在近瞳孔缘约 1.5mm 处，有一条弯曲的环形隆起，眼科学上称为卷缩轮，人眼虹膜图如图 8-2 所示。卷缩轮将虹膜大致分为两部分：靠近瞳孔的部分叫作虹膜瞳孔部，靠近虹膜根部的部分叫作虹膜睫状体部。瞳孔部有较多辐射状条纹褶皱，在外观上表现为较细致并且丰富的虹膜纹理。在锯齿状的虹膜卷缩轮附近，多有块状隐窝存在，表现为较大块的花纹。而最外层的虹膜睫状体部纹理相对平坦，会有一些收缩沟或收缩纹。由于虹膜内血管分布不均匀，使虹膜表面出现许多辐射状条纹。这其中包含的互相交错的类似于斑点、细丝、冠状、条纹和隐窝等的细微特征，就构成了我们所说的虹膜纹理信息，虹膜识别就是将虹膜组织上这些丰富的纹理信息作为重要的身份识别特征的。

虹膜组织结构的细密度及黑色素的含量决定了眼睛的颜色。白色人种眼睛虹膜中只有少量或者没有黑色素，在光的衍射作用下，虹膜中的组织密而不透明者，眼睛呈灰色；组织稀疏而透明者，眼睛则呈蓝色或碧绿色。黑色人种和棕色人种眼睛虹膜中的组织致密厚实，富含粗大密集的黑色素颗粒，眼睛呈现为棕黑色。黄色人种则介于白色人种和黑色人种之间，眼睛呈现为深浅不同的棕色。所以，虹膜的颜色不易被用于身份识别。

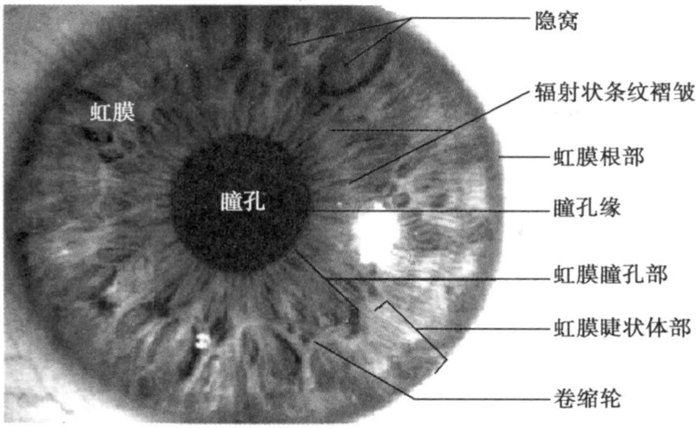

图 8-2 人眼虹膜图

虹膜是位于人眼瞳孔和巩膜之间的圆环形区域，直径约为 12mm，厚度约为 0.5mm，根部最薄，应该紧紧抓住圆环形这个特征来完成对虹膜的定位。大多数函数处理的图像都是矩形坐标形式，而虹膜是一个圆环形区域，所以要采取极坐标变换，把圆环形虹膜区域转变成矩形区域，以便后续的纹理分析。

虹膜定位作为虹膜识别系统的首要步骤，是虹膜识别系统性能优异的先决条件，在整个识别系统中发挥重要作用。虹膜定位所消耗的时间在整个识别过程中要占到将近一半。因此，如何在提高虹膜定位的准确性的同时减少虹膜定位消耗的时间成为虹膜识别系统中一个具有挑战性的课题。

8.2 虹膜识别系统设计

本章设计的虹膜识别系统流程图如图 8-3 所示，在虹膜区域处理过程中主要包括虹膜区域提取、虹膜区域极坐标变换和虹膜图像归一化处理。然后采用二维 Gabor 滤波器对虹膜区域进行特征提取，由于得到的虹膜特征较大，算法运算速度下降，因此采用离散余弦变换（DCT）实现虹膜特征降维。最后采用模式识别的方法实现虹膜识别。本系统采用 MATLAB 作为开发工具，实现虹膜识别。

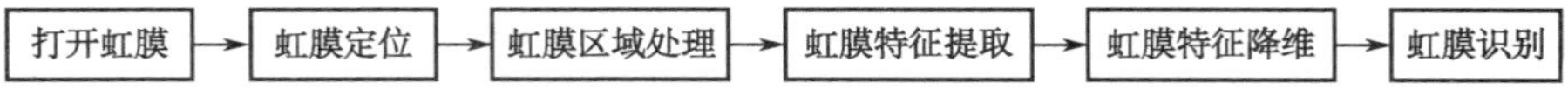

图 8-3 虹膜识别系统流程图

1. 虹膜定位

虹膜是圆环形的，应该紧紧抓住这个特征来完成对虹膜的定位。因此，虹膜定位的方法是精确地计算出虹膜区域两个圆的中心和半径。本章提出了一种快速的、基于霍夫变换的虹膜定位算法，通过寻找感兴趣区域，有效提高霍夫变换运算和虹膜定位的速度。

2. 极坐标变换

因为定位好的虹膜是一个圆环形区域，而大多数函数处理的图像都是矩形坐标形式，所以采取极坐标变换的方式把圆环形的虹膜区域转变成矩形区域，以便后续的 Gabor 滤波操作。

3. 归一化

经过坐标变换后，得到矩形的虹膜区域。由于靠近虹膜外边缘的部分容易受到眼睑和睫毛遮挡的影响，因此截取靠近虹膜内边缘的部分。这部分不仅包含了更为丰富的虹膜纹理信息，还使得需要处理的虹膜区域减小。本章将这个小区域归一化为 32×256 的矩形区域。

4. 虹膜特征提取

仔细观察虹膜图像，可以发现虹膜图像包含丰富的细节特征。纹理是图像分析中一个重要又难以描述的特性，将归一化后的虹膜图像看作一幅纹理图像，虹膜信号之间的差异在于不同的纹理细节。因此，提取虹膜信号的特征就是对纹理细节进行有效描述。JDuangrna 在 1993 年提出了采用 Gabor 滤波方法充分描述虹膜纹理细节的算法，该算法获得了美国专利，目前很多实用的虹膜识别系统的核心算法都是基于该算法设计的，取得了很高的识别率，它的基本思路是利用多通道 Gabor 滤波器提取虹膜图像的二维 Gabor 滤波信息作为虹膜的纹理特征。

在极坐标域中，二维 Gabor 滤波器的函数定义如下：

$$G(r,\theta)=\mathrm{e}^{-\mathrm{j}w(\theta-\theta_0)}\cdot \mathrm{e}^{-(r-r_0)2/\alpha^2}\cdot \mathrm{e}^{-(\theta-\theta_0)2}/\beta^2 \tag{8-1}$$

其中，α 和 β 表示滤波窗口的大小；(r_0,θ_0) 表示滤波器的中心位置。

5. 采用离散余弦变换实现虹膜特征的降维处理

二维 Gabor 滤波器可在时域和频域获得最佳的局部化，能够提供良好的尺度选择和方向选择特性，可以很好地提取出虹膜图像的局部幅度和相位信息。但 Gabor 滤波器的多尺度和多方向性特点使得算法提取的特征较多，所占内存空间较大。本章利用离散余弦变换算法实现虹膜特征的降维处理。

8.3 虹膜定位

虹膜特征主要是指虹膜区域中富含的纹理信息，这些纹理信息纵横交错。相关研究表明，世界上没有任何两个人的虹膜纹理是完全相同的，这就说明虹膜特征可以作为精确鉴别个人身份的依据。本系统采用二维 Gabor 滤波方法提取虹膜特征，需要先对定位好的虹膜图像进行预处理。

8.3.1 基于感兴趣区域的虹膜快速定位

虹膜定位的目的是较为精确地计算两个圆的中心和半径。大多数经典算法是根据瞳孔的灰度值较低，从而容易找到一个阈值来对图像进行二值化处理，进而找到虹膜内边缘的。但是在遇到光照较强烈的情况下，瞳孔会有斑点，使阈值选择变得不太容易。而霍夫变换是一种基于参数的投票机制算法，它通过判断图像空间中的每一个边缘点是否落在构成参数空间的可能轨迹上，以一种累加投票的方式求得边缘参数，并根据参数方程将满足参数空间的边缘点连接起来，达到目标轮廓跟踪拟合的目的。投票机制针对所有检测到的边缘点进行，计算量大，是霍夫变换的一个严重缺点。霍夫变换在计算机视觉中广泛应用于轮廓跟踪和图形拟合。从理论上来说，霍夫变换可以用来检测任意已知形状的目标。

本节采用霍夫变换实现虹膜定位，并改进该方法，提高虹膜定位的速度。霍夫变换用于虹膜定位的过程为：首先，对原虹膜图像用一个边缘检测算子检测其边缘，这里采用经典的Canny算子，得到一个二值边缘图像 $I(x_i,y_i)$，(x_i,y_i) 为所有边缘点的位置，其中 $i=1,2,\cdots,n$，n 为边缘点的个数；然后，通过一种累加投票机制来估计圆心 (x_j,y_j) 和半径 r。

霍夫变换的定义如下：

$$H(x_j,y_j,r)=\sum_{i=1}^{n}H(x_i,y_i,x_j,y_j,r) \tag{8-2}$$

其中，(x_j,y_j,r) 为圆心坐标和半径大小，构成参数组对应的累加器，其值表示该参数组的得票。得票的多少取决于有多少个边缘点落在由该参数组构成的圆上。

如果某一边缘点 (x_i,y_i) 落在了该参数组 (x_j,y_j,r) 对应的圆上，那么对应的累加器 $H(x_j,y_j,r)$ 的票数就会自动加1。由式（8-3）可以判断边缘点 (x_i,y_i) 是否落在 (x_j,y_j,r) 圆上：

$$H(x_i,y_i,x_j,y_j,r)=\begin{cases}1 & g(x_i,y_i,x_j,y_j,r)=0\\0 & g(x_i,y_i,x_j,y_j,r)\neq 0\end{cases} \tag{8-3}$$

其中，$g(x_i,y_i,x_j,y_j,r)=(x_i-x_j)^2+(y_i-y_j)^2-r^2$。

最后统计 $H(x_i,y_i,x_j,y_j,r)$ 的票数，得票最多的 $H(x_i,y_i,x_j,y_j,r)$ 所对应的 (x_j,y_j,r) 即所求圆的圆心坐标和半径。

$$H(x_0,y_0,r)=\mathrm{Max}(H(x_j,y_j,r)) \tag{8-4}$$

霍夫变换的主要缺点在于计算时间比较长。在霍夫变换中，投票机制要考虑图像中所有边缘点 (x_i,y_i) 到可能的圆心的距离。霍夫变换的另一个缺点是如果有太多的边缘点，会使得搜索范围增大。本章提出一种基于感兴趣区域的虹膜快速定位算法，该算法改变了以往算法先定位虹膜内边缘，再定位虹膜外边缘的传统思路，而是先定位虹膜的外边缘。在搜索边缘之前，先定义感兴趣区域，使得搜索范围变小，再去掉一些干扰点，进一步缩小搜索范围，有效地解决霍夫变换运行时间长的问题。

8.3.2 虹膜外圆定位

对于虹膜图像，首先指定一个感兴趣区域，用来覆盖虹膜的外边缘，这个边缘区域的选取减小了虹膜图像的搜索区域，同时减少了可能的圆心和半径的取值。感兴趣区域所包含的虹膜图像用于提取虹膜的外边缘点，再通过霍夫变换对虹膜外边缘进行圆检测。

具体步骤如下。

（1）在虹膜图像中，取一条水平区域 HF（Horizon Field），定义为从虹膜图像的中心行开始向下取四分之一的图像区域，如图 8-4（a）所示。

（2）根据直方图方法得到一个阈值 T，用于对 HF 进行二值化，如图 8-4（b）所示，找到二值化后水平区域中的最大连通区域 LUF（The Largest Union Filed），如图 8-4（c）所示。

（3）计算原图像 LUF 中的像素的平均值 a 和方差 v，考虑将原图像中像素值在 $[a-v,a+v]$ 的所有像素作为虹膜像素，如图 8-4（d）所示。

（4）在原图像中，被 LUF 包含的区域应用 Canny 算子提取图像边缘，如图 8-4（e）所示。

（5）经过边缘提取后得到了一些边缘部分，在这些边缘中忽略掉一些小的边缘，如图 8-4（f）所示。

（6）通过霍夫变换对这些边缘部分进行处理，得到虹膜的外边缘，即虹膜外圆，如图 8-4（g）所示。

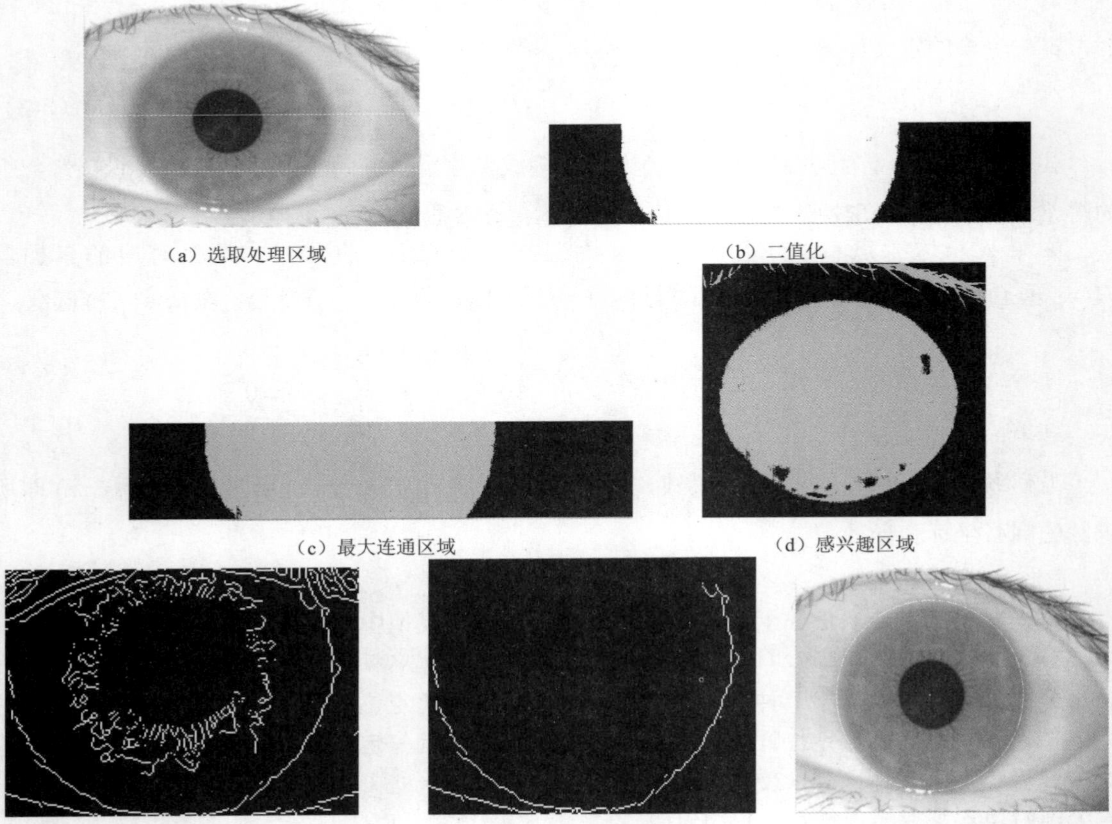

（a）选取处理区域　（b）二值化　（c）最大连通区域　（d）感兴趣区域　（e）对感兴趣区域提取边缘　（f）去掉小边缘　（g）外边缘定位

图 8-4　虹膜外边界定位

8.3.3　虹膜内圆定位

在前面的算法中已经得到了虹膜的外边缘（外圆），统计外圆所包含的像素的平均值 avg，以 avg 作为阈值，将灰度值小于 avg 的像素定义为瞳孔区域。以往的经典算法都是直接在原图上运用 Canny 算子，计算量非常大。先通过阈值将图像二值化，对图像进行滤波后再运行 Canny 算子，这样可以大大缩短算法的运行时间。得到瞳孔边缘点后再通过霍夫变换可以得到瞳孔的精确定位。

1. 实现步骤

（1）计算虹膜区域内部所有像素的灰度平均值 avg，并且以 avg 作为区分虹膜和瞳孔区域的阈值。

（2）根据阈值对图像进行二值化，如图 8-5（a）所示。

（3）对图像进行滤波，去除一些噪声，如图 8-5（b）所示。

（4）通过 Canny 算子找到瞳孔区域的边缘点，如图 8-5（c）所示。

（5）对处理后的图像采用霍夫变换找到虹膜的内边缘，即虹膜内圆，如图 8-5（d）所示。

（a）二值化

（b）图像滤波

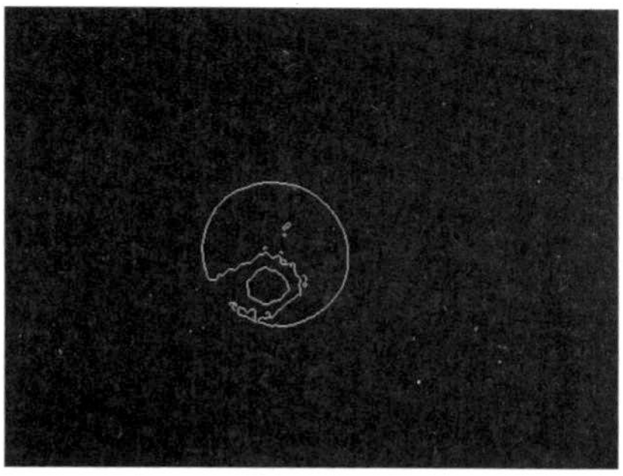

（c）Canny 算子提取边缘点

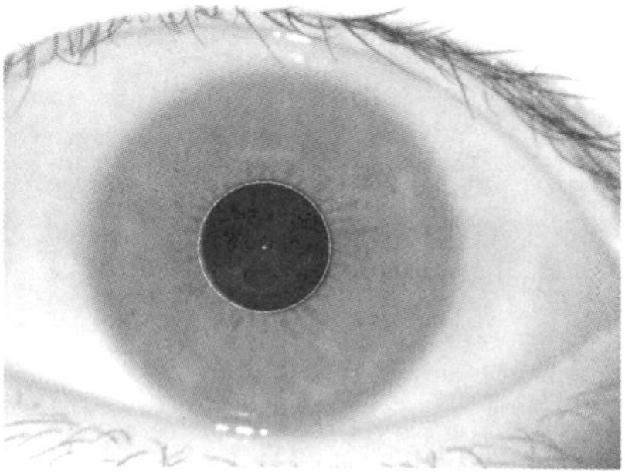

（d）内边缘定位

图 8-5　虹膜内边界定位

虹膜精确定位如图 8-6 所示，可以看到，本节提出的基于感兴趣区域的虹膜快速定位算法能够较为精确地定位虹膜区域，为后续的虹膜特征提取打下基础。

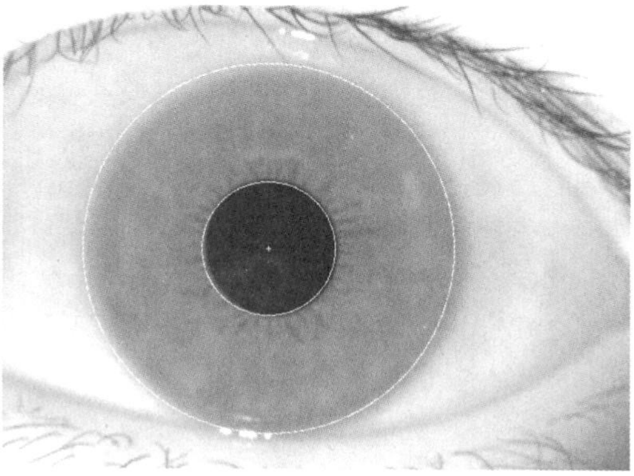

图 8-6　虹膜精确定位

2. 关键代码

```
function [C,HM]=Houghcircle(BW,Rp)
% Comments: detects circles in a binary image.
%           According to the Hough Transform for circles, each pixel in image space
%           corresponds to a circle in Hough space and vise versa.
%Input:
%           BW - a binary image. image pixels that have value equal to 1 are interested
%                   pixels for HOUGHLINE function.
%           Rp=[R_min,Rmax]
%               - a vargin.when it's given,do Hough Transform from R_min to R_max.
%
%Outputs:
%           C=[y0detect,x0detect,r0detect]
%                y0detect       - row coordinates of detected circles.
%                x0detect       - column coordinates of detected circles.
%                r0detect       - radius of circles.
% 1. 转换为二值矩阵
%if ~isbw(BW)
%      I = im2bw(BW);
%else
     I = BW;
%end
[sy,sx]=size(I);
% 2. 找到所有待变换的点坐标，变量 'totalpix'为待变换的点（图像中'1'）的总数
[y,x]=find(I);
totalpix = length(x);
% 3. 初始化霍夫变换矩阵
HM_tmp = zeros(sy*sx,1);
% 4. 进行霍夫变换
% 该部分代码需要一次循环即可完成
% a. 准备工作
b = 1:sy;
a = zeros(sy,totalpix);
if nargin == 1
     R_min = 1;
     R_max = max(max(x),max(y));
else
     R_min = Rp(1);
     R_max = Rp(2);
end
y = repmat(y',[sy,1]);
x = repmat(x',[sy,1]);
```

```
HPN = 0;            % 用于存放落在结果圆上的有效点个数
for R = R_min : R_max
    R2 = R^2;
    b1 = repmat(b',[1,totalpix]);
    b2 = b1;
%b. a-b 空间的圆方程
    a1 = (round(x - sqrt(R2 - (y - b1).^2)));
    a2 = (round(x + sqrt(R2 - (y - b2).^2)));
%c. 将矩阵 a、b 中的有效值转移
    b1 = b1(imag(a1)==0 & a1>0 & a1<sx);
    a1 = a1(imag(a1)==0 & a1>0 & a1<sx);
    b2 = b2(imag(a2)==0 & a2>0 & a2<sx);
    a2 = a2(imag(a2)==0 & a2>0 & a2<sx);
    ind1 = sub2ind([sy,sx],b1,a1);
    ind2 = sub2ind([sy,sx],b2,a2);
    ind = [ind1; ind2];
% d. 霍夫变换矩阵
    val = ones(length(ind),1);
    data=accumarray(ind,val);
    HM_tmp(1:length(data)) = data;
    HM2_tmp = reshape(HM_tmp,[sy,sx]);
% 显示霍夫变换矩阵
%imshow(HM2,[]);
%5. 确定最佳匹配 R 值
% a.变量 'maxval'存放霍夫变换矩阵中最大值，即
% 原二值图中在同一圆（半径为当前 R 值）上点数的最大值
        maxval = max(max(HM2_tmp));
% b.通过比较获得 maxval 最大值，从而确定最佳匹配 R 值
    if maxval>HPN
        HPN = maxval;
        HM = HM2_tmp;
        Rc = R;
    end
end
%%
% 6.确定圆心坐标
[B,A] = find(HM==HPN);
C = [mean(A),mean(B),Rc];
%%%%%%%%%%%%%%%%%%%%%%%%%%%%%%%%%%%
function eyelocation_Callback(hObject, eventdata, handles)
% hObject     handle to eyelocation (see GCBO)
% eventdata   reserved - to be defined in a future version of MATLAB
% handles     structure with handles and user data (see GUIDATA)
```

```
global eye0;
global eye1;
global img2;
global img3;
global img4;
global img5;
global M;
eye1=eye0;
[imgN,imgM]=size(eye1);
for   i=1:imgN
      for   j=1:imgM
            if eye1(i,j)<50
                  eye1(i,j)=0;
            else
                  eye1(i,j)=255;
            end
      end
end
img2=eye1;
figure(2);
imshow(img2);
%对图像进行滤波
img3=medfilt2(img2);
se=strel('square',3);
img31=imerode(img3,se);
figure(3);
imshow(img3);
%运用 Canny 算子提取边缘
img4=edge(img3,'canny');
figure(4);
imshow(img4);
%运用霍夫变换对图像进行圆拟合
[C,HM]=Houghcircle(img4,[30,140]);
%  画内圆
I=eye0;
x0=C(1);
y0=C(2);
r=C(3);
I=DrawCircle(I, C);
%  画外圆
img=I;
C1(3)=C(3)+55;
C1(1)=C(1);
```

```
C1(2)=C(2);

I=DrawCircle(img, C1);
img4=I;
axes(handles.axes6);
imshow(img4);
```

3. 效果图

虹膜定位效果如图 8-7 所示。

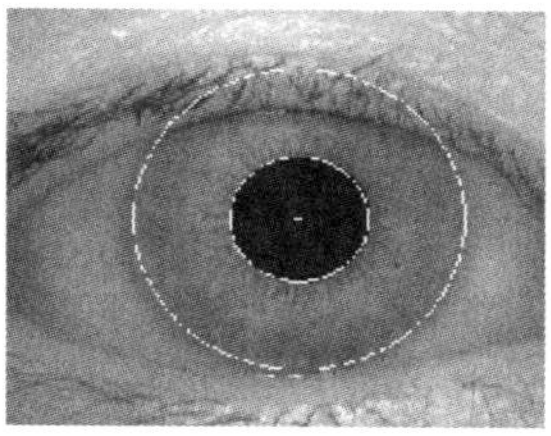

图 8-7 虹膜定位效果

8.4 虹膜区域处理

8.4.1 提取虹膜区域

1. 理论基础

虹膜提取的目标是把定位好的虹膜从人眼中分离出来。具体操作就是：如果当前像素点在圆环内，则保持当前像素点灰度值不变；如果当前像素点不在圆环内，就把当前像素点置为白。

2. 关键代码

```
function findeyelocation_Callback(hObject, eventdata, handles)
% hObject    handle to findeyelocation (see GCBO)
% eventdata  reserved - to be defined in a future version of MATLAB
% handles    structure with handles and user data (see GUIDATA)
global eye0;
global eye1;
eye1=eye0;
[imgN,imgM]=size(eye1);
for  i=1:imgN
     for  j=1:imgM
          if eye1(i,j)<50

               eye1(i,j)=0;
          else
```

```
                    eye1(i,j)=255;
                end
            end
        end
        img2=eye1;
        figure(2);
        imshow(img2);
        %对图像进行滤波
        img3=medfilt2(img2);
        se=strel('square',3);
        img31=imerode(img3,se);
        figure(3);
        imshow(img3);
        %运用 Canny 算子提取边缘
        img4=edge(img3,'canny');
        figure(4);
        imshow(img4);
        %运用霍夫变换对图像进行圆拟合
        [C,HM]=Houghcircle(img4,[30,140]);
        % 画内圆
        I=eye0;
        x0=C(1);
        y0=C(2);
        r=C(3);
        I=DrawCircle(I, C);
        % 画外圆
        img=I;
        C1(3)=C(3)+55;
        C1(1)=C(1);
        C1(2)=C(2);
        I=DrawCircle(img, C1);
        img4=I;
        img5=img4;
        for i=1:imgN
            for j=1:imgM
                if ((i-C(2))^2+(j-C(1))^2)>C1(3)^2||((i-C(2))^2+(j-C(1))^2)<C(3)^2
                    img5(i,j)=255;
                end
            end
        end
        axes(handles.axes6);
        imshow(img5);
```

3. 效果图

虹膜提取效果如图 8-8 所示。

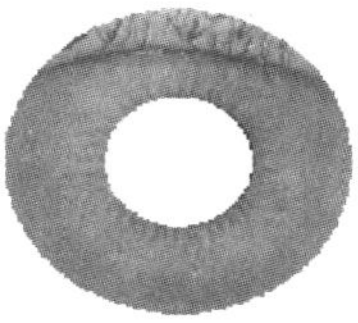

图 8-8 虹膜提取效果

8.4.2 虹膜区域极坐标变换

虹膜区域为一个圆环形区域，不方便进行后续的处理，我们采用极坐标变换的方式，将虹膜的圆环形区域转变成矩形区域。极坐标变换公式如下：

$$\begin{cases} r = \sqrt{x^2 + y^2} \\ \theta = \arctan \dfrac{y}{x} \end{cases} \tag{8-5}$$

1. 关键代码 1

```
%归一化展开虹膜圆环成 512*64 的矩形图像
function I_Expan=Expan_normalization(I,Ox_in,Oy_in,r_in,Ox_out,Oy_out,r_out)
%参数说明
%I：输入灰度虹膜图像 Ox_in；Oy_in：虹膜内边缘圆心；r_in：虹膜内边缘半径
%Ox_out,Oy_out：虹膜外边缘圆心坐标值，r_out：虹膜外边缘半径
%I_Expan：归一化展开后的图像
%先确定内圆心向外的射线跟两个圆的交点 A、B，然后将 A、B 间的值映射到 I_Expan 中
I=double(I);
imSize = size(I);
pi=3.1415926;
for i=1:512
    Ax=fix(Ox_in-r_in*cos(i*2*pi/512));                %确定 A 点坐标，fix(x)：截尾取整
    Ay=fix(Oy_in-r_in*sin(i*2*pi/512));
    j=-fix(sqrt((Ox_out-Ox_in)^2+(Oy_out-Oy_in)^2));   %寻找 B 点坐标
    Bx=fix(Ox_in-(r_out+j)*cos(i*2*pi/512));
    By=fix(Oy_in-(r_out+j)*sin(i*2*pi/512));
    while (Ox_out-Bx)^2+(Oy_out-By)^2<r_out^2
        j=j+1;
        Bx=fix(Ox_in-(r_out+j)*cos(i*2*pi/512));
        By=fix(Oy_in-(r_out+j)*sin(i*2*pi/512));
    end
    for k=1:64
```

```
            if fix(Ay+(By-Ay)*k/64)<1
                yd=1;
            elseif fix(Ay+(By-Ay)*k/64)>imSize(1)
                yd=imSize(1);
            else
                yd=fix(Ay+(By-Ay)*k/64);
            end

            if fix(Ax+(Bx-Ax)*k/64)<1
                xd=1;
            elseif fix(Ax+(Bx-Ax)*k/64)>imSize(2)
                xd=imSize(2);
            else
                xd=fix(Ax+(Bx-Ax)*k/64);
            end
            I_Expan(k,i)=I(yd,xd);
        end
end
I_Expan=uint8(I_Expan);
% figure,imshow(I_Expan);title('归一化展开虹膜效果');
```

2. 关键代码 2

```
function eyejizuobiao_Callback(hObject, eventdata, handles)
% hObject       handle to eyejizuobiao (see GCBO)
% eventdata    reserved - to be defined in a future version of MATLAB
% handles       structure with handles and user data (see GUIDATA)
global eye0;
global eye1;
global eyejzb;
eye1=eye0;
[imgN,imgM]=size(eye1);
for   i=1:imgN
        for   j=1:imgM
            if eye1(i,j)<50

                eye1(i,j)=0;
            else
                eye1(i,j)=255;
            end
        end
end
img2=eye1;
figure(2);
```

```
imshow(img2);
%对图像进行滤波
img3=medfilt2(img2);
se=strel('square',3);
img31=imerode(img3,se);
figure(3);
imshow(img3);
%运用 Canny 算子提取边缘
img4=edge(img3,'canny');
figure(4);
imshow(img4);
%运用霍夫变换对图像进行圆拟合
[C,HM]=Houghcircle(img4,[30,140]);
% 画内圆
I=eye0;
x0=C(1);
y0=C(2);
r=C(3);
I=DrawCircle(I, C);
% 画外圆
img=I;
C1(3)=C(3)+55;
C1(1)=C(1);
C1(2)=C(2);
I=DrawCircle(img, C1);
img4=I;
img5=img4;
for i=1:imgN
    for j=1:imgM
        if ((i-C(2))^2+(j-C(1))^2)>C1(3)^2||((i-C(2))^2+(j-C(1))^2)<C(3)^2
            img5(i,j)=255;
        end
    end
end
%极坐标变换
img6=img5;
% pcimg=imgpolarcoord(img6);
eyejzb=Expan_normalization(img6,C(1),C(2),C(3),C(1),C(2),C1(3));
axes(handles.axes6);
imshow(eyejzb);
```

3. 效果图

极坐标变换效果如图 8-9 所示。

图 8-9　极坐标变换效果

8.4.3　虹膜图像归一化

对虹膜区域进行极坐标变换后，得到矩形的虹膜区域。由于靠近虹膜外边缘的部分，容易受到眼睑和睫毛的遮挡影响，因此截取靠近虹膜内边缘的部分。这部分不仅包含了更为丰富的虹膜纹理信息，还能够减小需要处理的虹膜区域，并将这个小区域归一化为32×256的矩形图像。

1．关键代码

```
function eyeguifanihua_Callback(hObject, eventdata, handles)
% hObject    handle to eyeguifanihua (see GCBO)
% eventdata  reserved - to be defined in a future version of MATLAB
% handles    structure with handles and user data (see GUIDATA)
global eyejzb;
global eyegfh;
[imgN,imgM]=size(eyejzb);
for i=1:imgN/2
    for j=1:imgM
        eyegfh(i,j)=eyejzb(i,j); %#ok<*AGROW>
    end
end
figure,imshow(uint8(eyegfh));title('归一化虹膜 32*512');
```

2．效果图

虹膜归一化效果如图 8-10 所示。

图 8-10　虹膜归一化效果

8.5　虹膜特征提取

虹膜特征主要是指虹膜区域中富含的纹理信息，在虹膜纹理的提取方面，二维 Gabor 滤波具有较为明显的优势。二维 Gabor 滤波已被证明可以很好地模拟生物视觉神经元的感受视野。对于一幅二维图像 $I(x,y)$，Gabor 滤波可以方便地提取图像在各个尺度和方向上的纹理信息，同时在一定程度上降低图像中光照变化和噪声的影响。本文采取 Gabor 滤波器来提取图像的纹理特征。

8.5.1 二维 Gabor 滤波器

1. 二维 Gabor 滤波器原理

二维 Gabor 函数是由高斯函数与复平面波的乘积组成的，其在空域中的二维表达式如下：

$$G(x,y)=\exp\{-\pi[(x-x_0)^2/\alpha^2+(y-y_0)^2/\beta^2]\}\cdot\exp\{-2\pi j[u_0(x-x_0)+v_0(y-y_0)]\} \tag{8-6}$$

其中，$\exp\{-\pi[(x-x_0)^2/\alpha^2+(y-y_0)^2/\beta^2]\}$ 是高斯函数的表达式，通过控制高斯函数窗口的大小，可以控制 Gabor 函数的作用范围，使得 Gabor 函数只在高斯窗口的局部范围产生作用；$\exp\{-2\pi j[u_0(x-x_0)+v_0(y-y_0)]\}$ 为三角振荡函数，余弦函数作为实部，正弦函数作为虚部；(x,y) 为图像中的点；(x_0,y_0) 为滤波器的中心位置；α 和 β 分别为高斯函数的宽度和高度；j 为虚数单位；(u_0,v_0) 为调制系数，是二维复正弦函数的参数，它的空间频率为 $w_0=\sqrt{u_0^2+v_0^2}$，决定了滤波器的尺度，方向为 $\theta=\arctan(v_0/u_0)$。由此可以看出，Gabor 函数是一组窄带带通滤波器，有明显的频率和方向选择性。通过调整式（8-6）中的一系列参数 $(x_0,y_0,u_0,v_0,\alpha,\beta)$ 就可以获得不同形式的滤波器。

2. 计算 Gabor 模板关键代码

```
function Psi = gabor (w,nu,mu,Kmax,f,sig)
% w   : Window [128 128]
% nu : Scale [0 ...4];
% mu : Orientation [0...7]
% kmax = pi/2
% f = sqrt(2)
% sig = 2*pi
m = w(1);
n = w(2);
K = Kmax/f^nu * exp(i*mu*pi/8);
Kreal = real(K);
Kimag = imag(K);
NK = Kreal^2+Kimag^2;
Psi = zeros(m,n);
for x = 1:m
    for y = 1:n
        Z = [x-m/2;y-n/2];
        Psi(x,y) = (sig^(-2))*exp((-.5)*NK*(Z(1)^2+Z(2)^2)/(sig^2))*...
                (exp(i*[Kreal Kimag]*Z)-exp(-(sig^2)/2));
    end
end
```

3. 显示 Gabor 模板关键代码

```
function eyegaborshow_Callback(hObject, eventdata, handles)
% hObject     handle to eyegaborshow (see GCBO)
% eventdata   reserved - to be defined in a future version of MATLAB
```

```
% handles    structure with handles and user data (see GUIDATA)
G = cell(5,8);
for s = 1:5
    for j = 1:8
        G{s,j}=zeros(32,32);
    end
end
for s = 1:5
    for j = 1:8
        G{s,9-j} = gabor([32 32],(s-1),j-1,4*pi/5,sqrt(2),3*pi/2);
    end
end

%figure;
for s = 1:5
    for j = 1:8
        figure(2);
        subplot(5,8,(s-1)*8+j);
        imshow(real(G{s,j}),[]);
    end
end

for s = 1:5
    for j = 1:8
        G{s,j}=fft2(G{s,j});
    end
end
save gabor G
```

4．效果图

分别取 5 个尺度和 8 个方向得到的 Gabor 滤波器组，每行为同一尺度和不同方向的 Gabor 滤波器组；每列为同一方向和不同尺度的 Gabor 滤波器组。通过构造的 5 尺度和 8 方向的 Gabor 滤波器组，可以有效地提取虹膜的方向信息和尺度信息。

5 尺度和 8 方向 Gabor 滤波器效果如图 8-11 所示。

从图 8-11 可以得到二维 Gabor 滤波的特性如下。

（1）二维 Gabor 滤波器具有尺度选择性：纹理间的间隔在二维 Gabor 滤波器上表现为尺度信息。二维 Gabor 滤波器通过构造多尺度的滤波器，能很好地提取当前尺度下的纹理；而与当前尺度不匹配的纹理就会被滤波器过滤掉，从而实现对图像多尺度纹理特征的提取。

（2）二维 Gabor 滤波器具有方向选择性：图像灰度在不同方向的分布信息在二维 Gabor 滤波器上表现为方向性信息。二维 Gabor 滤波器通过设置不同的方向参数，可以有效描述当前方向的图像纹理信息。当 Gabor 滤波器在某一方向进行滤波时，相应方向的幅值会明显高于其他方向，与滤波方向越一致，相应幅值就会越大。因此，利用不同方向的 Gabor 滤波器对所要处理的图像进行滤波处理，获取各个方向上的响应幅值信息，从中可以选取响应幅值最大时的方向作为图像的纹理方向，从而可以描述出图像纹理方向的特征信息。

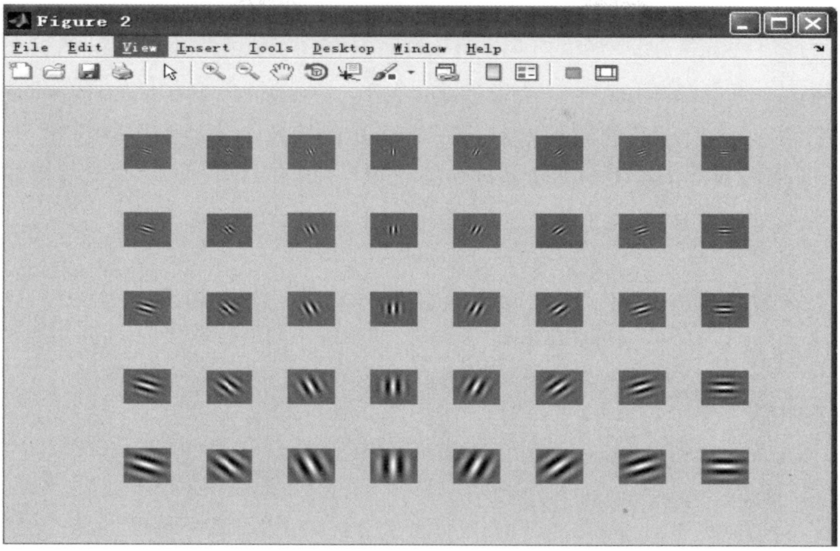

图 8-11 5 尺度和 8 方向 Gabor 滤波器效果

5. 二维 Gabor 滤波器参数选择

二维 Gabor 滤波器的参数较多，通过设置不同的参数可以得到不同的 Gabor 滤波器组。合理地选择参数不仅能够有效地提取虹膜的纹理信息，更能使得提取的虹膜特征保持在一个较为理想的维数。要尽可能完整描述图像纹理信息，提取不同频率下不同方向上的纹理细节信息，需要定义一组多通道二维 Gabor 滤波器组，每个通道对应特定频率和特定方向上的二维 Gabor 滤波器。根据 Gabor 滤波器的对称性，方向在$[0,\pi]$上的滤波器就可以覆盖$[0,2\pi]$上的图像纹理方向。本章在$[0,\pi]$上选择 4 个 Gabor 滤波器方向，分别为$\theta=0$、$\theta=\pi/4$、$\theta=\pi/2$、$\theta=3\pi/4$，能够覆盖相应的 4 个方向$\theta=\pi$、$\theta=5\pi/4$、$\theta=3\pi/2$、$\theta=7\pi/4$。Gabor 滤波器的方向取得越多，提取到的纹理方向信息就会越丰富，但随着滤波器数量的增加，特征提取的时间会大幅度提高。

Gabor 滤波器中心频率控制着提取虹膜纹理特征的尺度大小信息。Gabor 滤波器中心频率越小，提取的纹理特征的尺度就越大。在 Gabor 滤波器中心频率的选择上，采用相邻频率间距离比值为$\sqrt{2}$的 Gabor 中心频率，即$\omega=8, 8\sqrt{2}, 16, 16\sqrt{2}, 32$；Gabor 窗口取 32×32 大小，针对虹膜图像中不同的纹理尺度特征和方向特征，构造多尺度和多方向的 Gabor 滤波器组进行滤波提取，实现虹膜纹理信息的有效提取与表示。

8.5.2 虹膜特征提取

1. 基于二维 Gabor 滤波提取虹膜特征的步骤

（1）进行虹膜定位，裁剪得到虹膜的圆环形区域。

（2）对裁剪后的圆环图像进行极坐标变换，把圆环图像变换成矩形区域。

（3）选取靠近虹膜内边缘的纹理部分，把需要处理的虹膜区域归一化为32×256的矩形区域。

（4）利用二维 Gabor 滤波器组对每个子块进行特征提取。Gabor 滤波器参数选择：中心频率为 $\omega = 8,\ 8\sqrt{2},\ 16,\ 16\sqrt{2},\ 32$，4 个方向为 $\theta = 0$、$\theta = \pi/4$、$\theta = \pi/2$、$\theta = 3\pi/4$，产生 20 个 Gabor 滤波器组。使用不同的滤波器对归一化展开后的各个子块虹膜图像进行滤波。

极坐标下虹膜像素点 $I(r,\theta)$ 处的 Gabor 滤波特征是通过极坐标滤波器与图像的灰度值卷积得到的：

$$T(r,\theta) = G(r,\theta) * I(r,\theta) \tag{8-7}$$

取 $K(r,\theta) = \sqrt{T_{\mathrm{re}}^2(r,\theta) + T_{\mathrm{im}}^2(r,\theta)}$ 作为每一点的特征值。其中，$T_{\mathrm{re}}(r,\theta)$ 和 $T_{\mathrm{im}}(r,\theta)$ 分别为式（8-7）中卷积所得值的实部与虚部。这样就可以得到 20 幅虹膜特征图像。

2. Gabor 滤波关键代码

```
function eyeconvert_Callback(hObject, eventdata, handles)
% hObject      handle to eyeconvert (see GCBO)
% eventdata    reserved - to be defined in a future version of MATLAB
% handles      structure with handles and user data (see GUIDATA)
global eyegfh;
global E;
global ETZ;
global H;
I = eyegfh;
f0 = 0.2;
count = 0;
E=zeros(size(I));
for theta = 0:pi/4:pi*3/4                     %用弧度 0,pi/4,pi/2,pi*3/4   4 个方向
    %for theta=0%方向
    %count = count + 1;
    x = 0;%num=0;
    for lamda=0.2:0.04:0.36                   %5 个尺度
        %num=num+1;
        count=count+1;
        for m = linspace(-8,8,11)
% linspace 是 MATLAB 中的一个指令，用于产生 x1 与 x2 之间的 N 点行线性的矢量。其中 x1、x2、
%N 分别为起始值、终止值、元素个数
            x = x + 1;
            y = 0;
            for k = linspace(-8,8,11)         %在-8～8 之间生成 11 个点
                y = y + 1;
                %创建 Gabor 滤波器 z
                r = 1; g = 1;
```

```
                x1 = m*cos(theta) + k*sin(theta);
                y1 = -m*sin(theta) + k*cos(theta);
                z(y,x)= f0^2/(pi*r*g)*exp(-(f0^2*x1^2/r^2+f0^2*y1^2/g^2))*exp(i*2*pi*x1*lamda);
            end
        end
        eyefiltered = filter2(z,I);                %将原图像用 z 进行 2D 滤波
        %subplot(3,2,count);
        f = abs(eyefiltered);
                figure(2);
        subplot(4,5,count);
        E=E+f;
        imshow(f);
    end
end
%
ETZ=zeros(64,1);
for m=1:2
    for n=1:32
        for u=1:16
            for v=1:16
                ETZ(m*n)=double(ETZ(m*n))+E((m-1)*16+u,(n-1)*16+v);
            end
        end
        ETZ(m*n)=floor(ETZ(m*n)/(16*16)*128);
    end
end
H=E;
for m=1:2
    for n=1:32
        for u=1:16
            for v=1:16
                H((m-1)*16+u,(n-1)*16+v)=ETZ(m*n);
            end
        end
    end
end
figure(3);
imshow(uint8(H));
```

3. 效果图

虹膜 Gabor 滤波效果如图 8-12 所示。

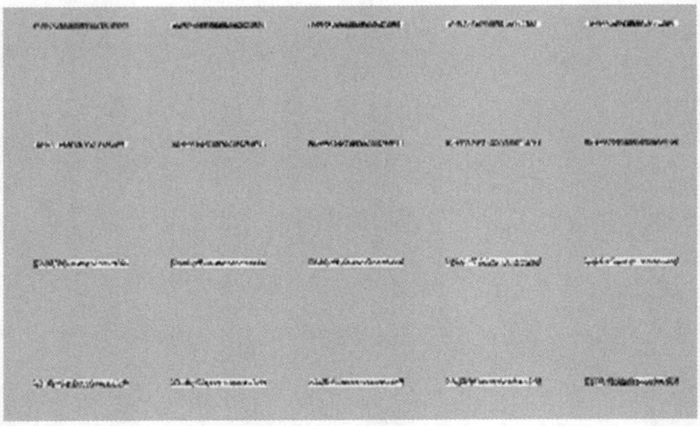

图 8-12　虹膜 Gabor 滤波效果

8.6 虹膜特征降维

1. 离散余弦变换

虹膜特征提取后如果维数非常高，就需要采取有效的特征降维方法，以满足模式识别方法。传统的特征降维方法包括下采样法、离散小波变换（DWT）和主成分分析法（PCA）等，这些算法各有优缺点。下采样法方法简单，执行速度快，但是容易丢失重要信息；DWT 方法和 PCA 方法虽然降维效果较好，也能够较大程度地保留重要信息，但是运行效率较低；离散余弦变换（Discrete Cosine Transform，DCT）很好地克服了传统降维算法的缺点，它不但能够保留原始的重要特征信息，而且运算速度较快。

一维离散余弦变换定义如下：

$$F(0)=\frac{1}{\sqrt{N}}\sum_{x=0}^{N-1}f(x) \tag{8-9}$$

$$F(u)=\sqrt{\frac{2}{N}}\sum_{x=0}^{N-1}f(x)\cos\frac{(2x+1)u\pi}{2N} \tag{8-10}$$

式（8-10）中，$F(u)$ 表示第 u 个余弦变换系数；u 是广义频率变量，$u=1,2,\cdots,N-1$；$f(x)$ 是时域 N 点序列，$x=0,1,2,\cdots,N-1$。

一维离散余弦变换适用于处理一维的信号序列，对于二维图像空间需要利用二维离散余弦变换来处理。二维离散余弦变换定义如下：

$$F(0,0)=\frac{1}{N}\sum_{x=0}^{N-1}\sum_{y=0}^{N-1}f(x,y) \tag{8-11}$$

$$F(0,v)=\frac{\sqrt{2}}{N}\sum_{x=0}^{N-1}\sum_{y=0}^{N-1}f(x,y)\cdot\cos\frac{(2x+1)v\pi}{2N} \tag{8-12}$$

$$F(u,0)=\frac{\sqrt{2}}{N}\sum_{x=0}^{N-1}\sum_{y=0}^{N-1}f(x,y)\cdot\cos\frac{(2y+1)u\pi}{2N} \tag{8-13}$$

$$F(u,v)=\frac{\sqrt{2}}{N}\sum_{x=0}^{N-1}\sum_{y=0}^{N-1}f(x,y)\cdot\cos\frac{(2y+1)u\pi}{2N}\cdot\cos\frac{(2x+1)v\pi}{2N} \tag{8-14}$$

$f(x,y)$ 代表图像空间域某一位置的像素值；(x,y)为当前的图像像素位置；$F(u,v)$ 代表图像在频率域相应位置的振幅值，$u,v=1,2,\cdots,N-1$。二维离散余弦变换其实是进行两次一维离散余弦变换。

2. 利用离散余弦变换进行降维步骤

（1）对某一虹膜 Gabor 滤波图像（如图 8-13 所示）进行二维离散余弦变换处理。二维离散余弦变换方法为行列法，即先沿着行（列）进行一次离散余弦变换，再沿着列（行）进行一次离散余弦变换。离散余弦变换可以把图像的大部分能量集中在直流部分，并且能够较好地去除图像间的相关性，这使得图像编码变得简单，有利于图像特征的提取。虹膜离散余弦变换效果如图 8-14 所示。

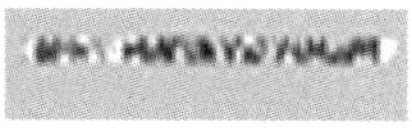

图 8-13　虹膜 Gabor 滤波图像

图 8-14　虹膜离散余弦变换效果

从图 8-14 中可以看出，图像的主要信息都集中在了图像的左上角，故可以提取左上角的少量信息作为图像的有效信息，从而极大地压缩了图像，实现了图像降维的目的。

（2）选取离散余弦变换图像矩阵左上角的信息，采用 Z 字形特征提取方法，可以有效地提取表征图像的较大系数信息。

图像离散余弦变换处理及特征提取如图 8-15 所示。图 8-15 中的方格可以理解为图像的像素，$f(x,y)$ 为相应位置的像素值，$F(u,v)$ 为经过离散余弦变换处理后的振幅值。Z 字形特征提取方法只需提取少量的特征，就能够有效地达到降维的目的。

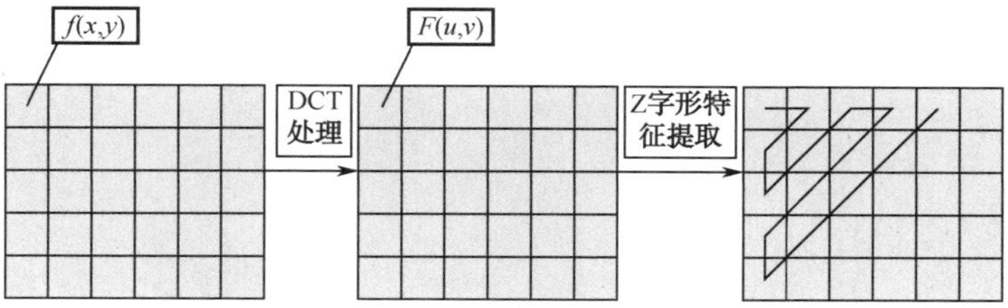

图 8-15　图像离散余弦变换处理及特征提取

为了简便处理，此处取图像左上角一小区域数据达到降维的目的。

3. 离散余弦变换降维关键代码

```
function Untitled_98_Callback(hObject, eventdata, handles)
% hObject    handle to Untitled_98 (see GCBO)
% eventdata  reserved - to be defined in a future version of MATLAB
% handles    structure with handles and user data (see GUIDATA)
global zeyegfh;
global zE;
global zE1;
```

```
I = zeyegfh;
f0 = 0.2;
count = 0;
zE=zeros(size(I));
for theta = 0:pi/4:pi*3/4
    x = 0;
    for lamda=0.2:0.04:0.36
        count=count+1;
        for m = linspace(-8,8,11)
            x = x + 1;
            y = 0;
            for k = linspace(-8,8,11)
                y = y + 1;
                r = 1; g = 1;
                x1 = m*cos(theta) + k*sin(theta);
                y1 = -m*sin(theta) + k*cos(theta);
                z(y,x)= f0^2/(pi*r*g)*exp(-(f0^2*x1^2/r^2+f0^2*y1^2/g^2))*exp(i*2*pi*x1*lamda);
            end
        end
        eyefiltered = filter2(z,I);
        f = abs(eyefiltered);
        figure(2);
        subplot(4,5,count);
        m_f= dct2(f);
        imshow(m_f);
        zE=zE+ m_f;

    end
end
[imgN,imgM]=size(zE);
m=0;
for u=1:10:imgN
    n=0;
    m=m+1;
    for v= 1 :14:imgM
        n=n+1;
        zimg(m,n)=zE(u,v);
    end
end
zE1=zimg;
zE1=zE1(:);
```

4. 效果图

离散余弦变换降维效果如图 8-16 所示。

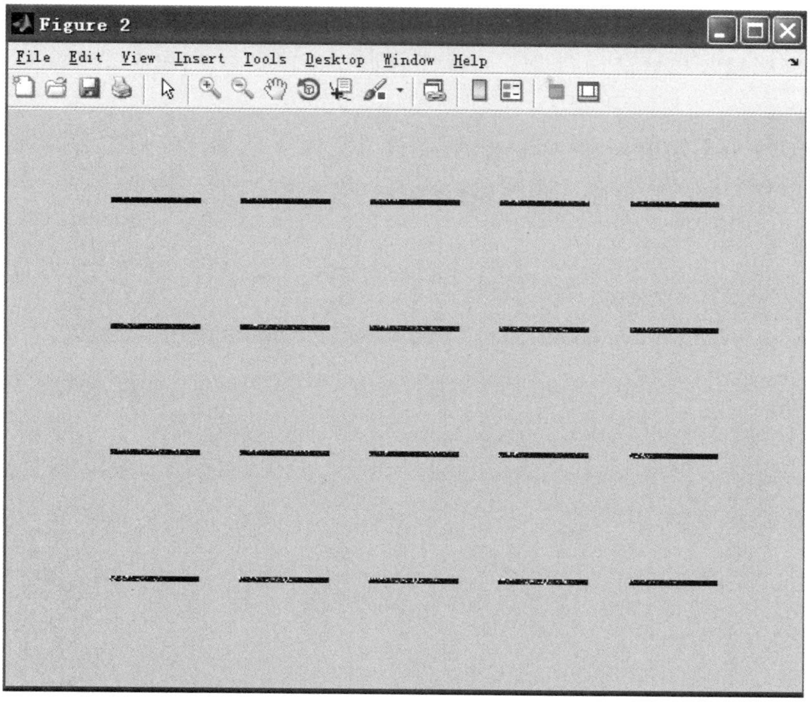

图 8-16 离散余弦变换降维效果

8.7 虹膜识别实现

本系统采用模板匹配法实现虹膜识别。

1. 实现步骤

（1）从 data.dat 样品数据库中调出所有人的虹膜样品特征值。

（2）对待测虹膜图像进行预处理，包括虹膜定位、虹膜区域裁剪、极坐标变换等操作。

（3）将虹膜图像归一化为32×256的矩形区域。

（4）进行二维 Gabor 滤波，选取 4 个滤波方向，分别为$\theta=0^\circ$、$\theta=45^\circ$、$\theta=90^\circ$、θ=135°；5 个滤波尺度，即$\omega=8, 8\sqrt{2}, 16, 16\sqrt{2}, 32$，构建二维 Gabor 滤波器组。

（5）对虹膜图像进行滤波，可以得到 20 张滤波后的虹膜特征图像。

（6）对这 20 张虹膜特征图像分别经离散余弦变换处理降维至$w_2\times h_2$，并转变成$b_i(i=1,2,\cdots,20$，$b_i=w_2\times h_2)$维的列向量，将这 20 个列向量首尾相接组成b维虹膜特征列向量$\boldsymbol{e}$：

$$\boldsymbol{e}=\begin{bmatrix} e_1 \\ e_2 \\ \cdots \\ e_{20} \end{bmatrix} \in \mathbf{R}^{b\times 1}(b=\sum_{i=1}^{20} b_i, b_i = w_2 \times h_2) \quad (8\text{-}15)$$

（7）将待测样品虹膜特征列向量 $\boldsymbol{e}$ 与样品数据库中已知虹膜特征列向量 $\boldsymbol{X}_\mathrm{i}$ 代入公式进行计算：$|\boldsymbol{e}-\boldsymbol{X}_i|/|\boldsymbol{X}|$。

（8）若相似度小于阈值，则找到与虹膜图像数据库中已知虹膜最接近的样品，系统识别成功；否则，识别失败，将待测虹膜图像特征加入数据库中。

2. 关键代码

```
%%%%%%%%%%%%%%%%找到图像的参考点
function [Outputprint,XofCenter,YofCenter] = centralizing(eyeprint,ctrl)
% img=im2bw(eyeprint,0.2);              %二值化
% a=zeros(320,280);
global b;
global c;
global d;
global t;
t=51;
b=0;
c=0;
d=0;
imgN=size(eyeprint,1);                  %imgN 为图像的行数
imgM=size(eyeprint,2);                  %imgM 为图像的列数
for i=1:imgN
    for j=1:imgM
        if eyeprint(j,i)<t
            eyeprint(j,i)=0;
        else
             eyeprint(j,i)=255;
        end


    end
end
 img=eyeprint;
img1=medfilt2(img,[3,3]);               %中值滤波
%img2=edge(img1,'canny');
for i=1:imgN
    for j=1:imgM
        if img1(j,i)==0
            b=b+i;                      %统计所有零点的纵坐标
            c=c+j;                      %统计所有零点的横坐标
```

```
            d=d+1;                    %统计所有零点的个数
         end
      end
   end
   XofCenter=floor(b/d);              %得到中心的纵坐标
   YofCenter=floor(c/d);              %得到中心的横坐标
   Outputprint=img1;
%%%%%%%%%%%%%%%%%%%%%%%%%%%%%%%%%%%%%%%%%%%%%%%
%对图像进行裁剪
function [CroppedPrint] = cropping(XofCenter,YofCenter,CentralizedPrint)
   N = 175;
   M=size(CentralizedPrint,1);
   imgN=size(CentralizedPrint,1);
   imgM=size(CentralizedPrint,2);
   if  (YofCenter-floor(N/2)<1)||(YofCenter+floor(N/2)>imgN)||(XofCenter-floor(N/2)<1)||(XofCenter+floor(N/2)
>imgM)
      h_lato=187;
      temp=zeros(imgN+2*h_lato,imgM+2*h_lato);
      temp(h_lato+1:h_lato+imgN,h_lato+1:h_lato+imgM)=CentralizedPrint;
   CroppedPrint=temp(YofCenter-floor(N/2)+h_lato:YofCenter+floor(N/2)+h_lato,XofCenter-
floor(N/2)+h_lato:XofCenter+floor(N/2)+h_lato);
      return;
   else
      CroppedPrint=CentralizedPrint(YofCenter-floor(N/2):YofCenter+floor(N/2),XofCenter-
floor(N/2):XofCenter+floor(N/2));
   end
%%%%%%%%%%%%%%%%%%%%%%%%%%%%%%%%%%%%%%%%%%%%%%%%%%%%%%%%%%%%
function [sector_num] = whichsector(index)          %哪个扇形区
% index is the index of current pixel of cropped image ( cropped image is
% 175 x 175 ); sector_num is the output and represents what is the
% corresponding sector.相应扇形
%index 代表裁剪后的图像像素索引号，sector_num 为输出并且代表了相应的扇形
length = 175;                   %裁剪后图像宽高
x = rem( index , length );      %rem 取余数
y = floor(index / length);      %向下取整
x = x - floor(length / 2);      %x=x-87
y = y - floor(length / 2);
rad = (x*x) + (y*y);
if rad < 144                    % innerest radius = 12 (144=12*12)内圆半径
   sector_num = 36;             %扇形区数为 36
   % sector_num;
   return
end
```

```
if rad >= 5184                  % outtest radius = 72 (5184=72*72)外圆半径
      sector_num = 37;          %扇形区数为 37 个
      %sector_num;
      return
end

if x ~= 0
      theta = atan( y / x );
else
      if y > 0
            theta = pi/2;
      else
            theta = -pi/2;
      end
end

if x < 0
      theta = theta + pi;
else
      if theta < 0
            theta = theta + 2*pi;
      end
end

if theta < 0
      theta = theta + 2*pi;
end

r = floor(rad ^ 0.5);
ring = floor(( r-12 )/20);          %几个圆环
arc = floor(theta /(pi/6));         %每个圆环有 12 个扇形
sector_num = ring * 12 + arc;       %记录哪个圆环的哪个扇形

%%%%%%%%%%%%%%%%%%%%%%%%%%%%%%%%%%%%%%%%%
function [disk,vector] = sector_norm( image , mode , mix)
%得到归一化后的图像
% N=175 size of cropped image (175 x 175)
%裁剪后图像大小为 175*175
N=175;
% Number of sectors 扇形区数
M=38;
size_m=N*N;                               %裁剪后图像大小
mean_s=zeros(M,1);                        %记录每个扇形区的灰度平均值
```

```
varn_s=zeros(M,1);                          %记录每个扇形区的灰度方差
num_s=zeros(M,1);
image1=zeros(175,175);
Mo=50;                                      %灰度平均值
Vo=50;                                      %灰度方差值
for ( i=1:1:size_m)                         %每个像素循环
    tmp=whichsector(i);                     %temp 代表第 i 个像素所在的扇形区号（1～38）
    tmp=tmp+1;
    if (tmp>=1)                             %如果扇形区号大于等于 1
        mean_s(tmp)= mean_s(tmp)+image(i);  %将当前扇形区的灰度平均值+当前元素灰度值
        num_s(tmp)=num_s(tmp)+1;            %统计扇形区号为 temp 的像素个数
    end
end

for (i=1:1:M)                               %每个扇形区循环
    mean_s(i)=mean_s(i)/num_s(i);           %改变扇形区的灰度平均值
end

for ( i=1:1:size_m)
    tmp=whichsector(i);
    tmp=tmp+1;
    if (tmp>=1)
        varn_s(tmp)= varn_s(tmp) + (image(i)- mean_s(tmp))^2;
    end
end

for (i=1:1:M)
    varn_s(i)= varn_s(i) / num_s(i);             %改变扇形区的方差值
end

if (mix==0 | mix==1)
    for (i=1:1:size_m)
        tmp=whichsector(i);
        tmp=tmp+1;
        image1(i)=varn_s(tmp);
    end
end

if ( mode == 0 )
    for ( i=1:1:size_m)                          %每个像素循环
        tmp=whichsector(i);
        tmp=tmp+1;
        if (tmp>=1 & abs(varn_s(tmp))>1)         %如果扇形区号大于 1 并且方差的绝对值小于 0
```

```
                if ((image(i) - mean_s(tmp))<0)              %如果当期像素值-扇形区平均灰度值<0
                    if (tmp==37 | tmp==38) & mix==0          %如果扇形区号为 37 或 38
                        image1(i)=50;                        %将当前像素的灰度值变为 50
                    else
                        image1(i)=Mo - (Vo/varn_s(tmp)*((image(i) - mean_s(tmp))^2))^0.5;%
                    end
                else                                         %即如果当期像素值-扇形区平均灰度值>0
                    if (tmp==37 | tmp==38) & mix==0
                        image1(i)=50;
                    else
                        image1(i)=Mo + (Vo/varn_s(tmp)*((image(i) - mean_s(tmp))^2))^0.5;
                    end
                end
            else%
                image1(i)=Mo;
            end
        end

        disk=image1;                                         %归一化后的图像赋予 disk
        vector=varn_s;                                       %vector 记录每个扇形区的方差
else
        disk=image1;
        vector=varn_s;
end

%%%%%%%%%%%%%%%%%%%%%%%%%%%%%%%%%%%%%%%%%%%%%%%%%%%%%%%%%%%%%%%%%%%%%%%%%
function [gaborp_2d]=gabor2d_sub(angle,num_disk)
variance=32;                              %2*16=32,16 为方差
k=10;                                     %两个脊线间的距离
x=cos(angle*pi/num_disk);                 %angle=0～7，num_disk=8
y=sin(angle*pi/num_disk);
w=(2*pi)/k;                               %w=pi/5，f=1/k,w=2*pi*f,w=2*pi/k,w 为滤波频率
p=0;
m=0;
for (i=-16:1:16)                          %33*33 的 Gabor 滤波模板
    p=p+1;
    sinp(p)=i*y;                          %一个数组
    cosp(p)=i*x;
end
p=0;
for (j=1:1:33)                            %计算每一个模板系数
    for (i=1:1:33)
        p=p+1;
        xx(p)=sinp(i)+cosp(j);
```

```
            yy(p)=cosp(i)-sinp(j);
            gaborp(p)=1*exp(-((xx(p)*xx(p))+(yy(p)*yy(p)))/variance)*cos(w*xx(p));
            gaborp_2d(i,j)=gaborp(p);              %33*33 的矩阵求出模板系数
        end
    end

%%%%%%%%%%%%%%%%%%%%%%%%%%%%%%%%%%%%
function eyecheck_Callback(hObject, eventdata, handles)
% hObject      handle to eyecheck (see GCBO)
% eventdata    reserved - to be defined in a future version of MATLAB
% handles      structure with handles and user data (see GUIDATA)
global eyeprint;
global graylevmax;
graylevmax=255;
eyetoprint =eyeprint*graylevmax;
N=175;
num_disk=8;
[BinarizedPrint,XofCenter,YofCenter]=centralizing(eyeprint,0);
[CroppedPrint]=cropping(XofCenter,YofCenter,eyeprint);
[NormalizedPrint,vector]=sector_norm(CroppedPrint,0,1);
for (angle=0:1:num_disk-1)
    gabor=gabor2d_sub(angle,num_disk);
    z2=gabor;
    z1=NormalizedPrint;
    z1x=size(z1,1);
    z1y=size(z1,2);
    z2x=size(z2,1);
    z2y=size(z2,2);
    ComponentPrint=real(ifft2(fft2(z1,z1x+z2x-1,z1y+z2y-1).*fft2(z2,z1x+z2x-1,z1y+z2y-1)));
    px=((z2x-1)+mod((z2x-1),2))/2;
    py=((z2y-1)+mod((z2y-1),2))/2;
    ComponentPrint=ComponentPrint(px+1:px+z1x,py+1:py+z1y);
    [disk,vector]=sector_norm(ComponentPrint,1,0);
    %img = double(ComponentPrint)/graylevmax;
    %img1 = double(disk)/51200;
   eye_code{angle+1}=vector(1:36);
end
%eyeCode of input fngerprint has just been calculated.
% Checking with BadaBase
if (exist('ep_database.dat')==2)
    load('ep_database.dat','-mat');
    %---- alloco memoria -----------------------------------
    ruoto1=zeros(36,1);
    ruoto2=zeros(36,1);
    vettore_d1=zeros(12,1);
    vettore_d2=zeros(12,1);
```

```
best_matching=zeros(ep_number,1);
% start checking --------------------------------------
for scanning=1:ep_number            %与人眼库中的每一个图像对比
    ecode1=data{scanning,1};        %fcode1 为 1*8 的数组，其中的每个元素为 36*1 的数组
    ecode2=data{scanning,2};
    for rotazione=0:1:11
        d1=0;
        d2=0;
        for disco=1:8
            e1=ecode1{disco}; %36*1 的数组
            e2=ecode2{disco};
            % ora ruoto f1 ed f2   della rotazione ciclica ----------
            for old_pos=1:12
                new_pos=mod(old_pos+rotazione,12);
                if (new_pos==0)
                    new_pos=12;
                end
                ruoto1(new_pos)=e1(old_pos);
                ruoto1(new_pos+12)=e1(old_pos+12);
                ruoto1(new_pos+24)=e1(old_pos+24);
                ruoto2(new_pos)=e2(old_pos);
                ruoto2(new_pos+12)=e2(old_pos+12);
                ruoto2(new_pos+24)=e2(old_pos+24);
            end
            %-------------------------------------------------------
            d1=d1+norm(eye_code{disco}-ruoto1);
            d2=d2+norm(eye_code{disco}-ruoto2);
        end
        vettore_d1(rotazione+1)=d1;
        vettore_d2(rotazione+1)=d2;
    end
    [min_d1,pos_min_d1]=min(vettore_d1);
    [min_d2,pos_min_d2]=min(vettore_d2);
    if min_d1<min_d2
        minimo=min_d1;
    else
        minimo=min_d2;
    end
    best_matching(scanning)=minimo;
end
[distanza_minima,posizione_minimo]=min(best_matching);%返回参数中，第一个为最小距离，第二个为匹配位置
beep;
message=strcat('最匹配的虹膜图像是: ',num2str(posizione_minimo),...
               ' 匹配距离为 : ',num2str(distanza_minima));
msgbox(message,'DataBase Info','help');
```

```
    %------------------------------------------------------
 else
    message='DataBase is empty. No check is possible.';
    msgbox(message,'eyeCode DataBase Error','warn');
end
```

3. 效果图

虹膜识别效果如图 8-17 所示。

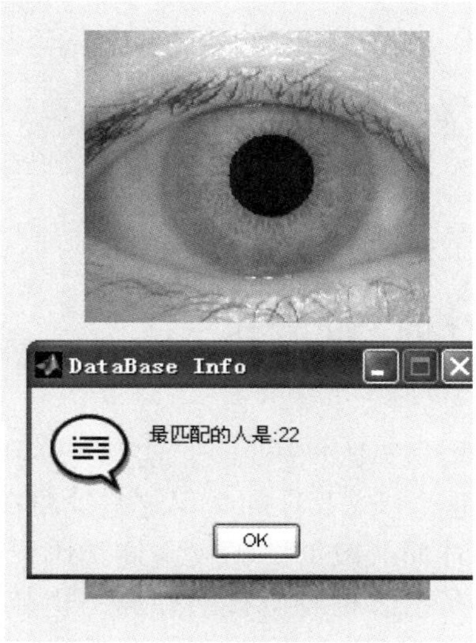

图 8-17 虹膜识别效果

第9章 指纹识别

9.1 指纹识别图像数据特征分析

指纹是分布在人体手指表面凸凹不平的纹线。实际上，我们的手掌、脚掌和脚趾内侧表面的皮肤都存在各式各样的纹路，形成各种图案，这些纹路在图案断点和交叉点上会存在个体差异。指纹的结构是在胎儿时期形成的，不仅与遗传因素有关，还受到母体内环境的影响。因此，即使是同卵双胎，其指纹也有明显的差异。也就是说，每个人的指纹都是唯一的。这种唯一性就可以把一个人与他的指纹对应起来，通过将他的指纹和预先保存的指纹进行比较，就可以验证他的真实身份。

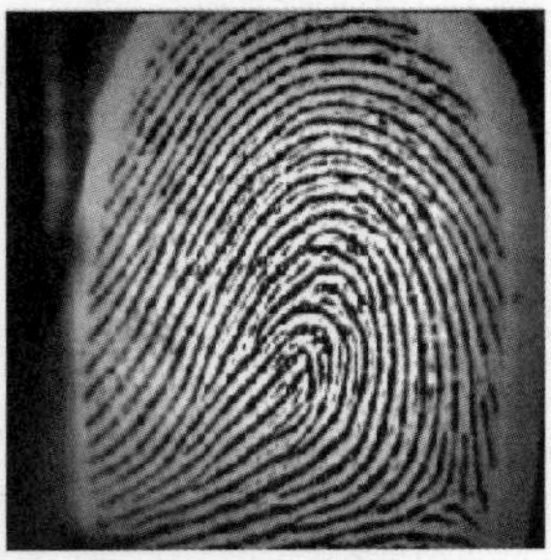

图 9-1　指纹图像

指纹的总体特征是指那些用人眼直接就可以观察到的特征，包括纹形、特征区、中心点、三角点和纹数等，指纹图像如图 9-1 所示。我国十指纹分析法将指纹分为三大类型、九种形态。一般，指纹自动识别系统将指纹分为弓形纹（弧形纹、帐形纹）、箕形纹（左箕、右箕）、斗形纹和杂形纹等。指纹形态特征包括中心点和三角点等，指纹的细节特征点主要包括纹线的起点、终点、结合点和分叉点。纹型是指指纹的基本分类，是按中心花纹和三角点的基本形态划分的。纹形从属于哪一种类型，以中心花纹的形状定名。特征区即指纹上包含了总体特征的区域，通过此区域就能够分辨出指纹是属于哪一种类型的。中心点位于指纹纹路的渐进中心，它可在读取指纹和比对指纹时作为参考点；三角点位于从中心点开始的第一个分叉点、断点，两条纹路汇聚处、孤立点、折转处。纹数，即特征区内指纹纹路的数量。在计算指纹的纹数时，一般先连接中心点和三角点，这条连线与指纹纹路相交的数量即可认为是指纹的纹数。

常用的指纹识别方法有两个：基于细节点特征的方法和基于纹理特征的方法。

1）基于细节点特征的方法

基于指纹细节点特征的方法，主要是将指纹图像固有的局部信息点（如指纹的脊线和谷线的交点、差点、角点、分界点等）作为指纹的特征信息。这种特征的提取一般要先对指纹图像进行较为复杂的预处理过程（包括图像的二值化、图像的滤波、细化等一系列操作），然后通过算法得到指纹的特征点，并将这些特征点进行存库。这种方法的优点是特征维数少，算法运算速度快；缺点是图片的预处理部分对整个特征提取的影响较大，对图片的采集质量要求较高。

参考点的定位是现有的细节点匹配算法的首要步骤，此时需要将待测指纹上提取的诸多特征点与库中模板指纹点逐个匹配，最终选取参考点。如何简化参考点的提取是提高指纹识别速度的关键所在。将指纹的某一奇异点作为基准点，有助于简化找基准点这一步骤，可以将指纹的中心点或三角点作为基准点。因此，算法还需解决奇异点提取的完整性和准确性问题。

2）基于纹理特征的方法

基于纹理特征的方法以图像的基本信息（像素信息）为依据（主要依据脊线与谷线之间的纹理走向和距离进行判断），这种算法对图像质量的要求较低，一般采集到的图像只需要进行简单的滤波去噪就可以进行后续处理了。这种算法一般识别精度都较高，但是同时存在特征维数高、运行速度慢和实时性不强等缺点。

2000 年，Anil K Jain 等提出了一种基于 Gabor 滤波器的指纹纹理匹配算法。该算法首先确定指纹中心点，然后以中心点为参考点，确定指纹图像中的感兴趣区域，再利用 Gabor 滤波器频域和方向的选择性，使用 8 个不同方向的滤波器对中心点周围的区域进行滤波，获取指纹的整体特性和局部特性，计算出指纹图像的特征，通过比较指纹特征间的距离进行指纹匹配。此算法在一定程度上依赖于中心点定位的准确性，克服了细节点难以提取的困难。

9.2 指纹识别系统设计

指纹识别主要包括以下步骤：指纹图像输入、图像预处理、特征提取、指纹识别、结果输出。

（1）指纹原始图像由指纹输入设备送入计算机。指纹数据的产生一般有两种方法。一种是按指印方法，这种方法简单，但是指纹图像模糊不清，结果不可靠，费时费力；另一种方法是光学数据产生法，这种方法利用光的反射特性来获取指纹图像。

（2）图像预处理过程是整个自动指纹识别系统的关键步骤。指纹图像由于输入设备等原因会出现畸变、不清晰，或存在噪声等干扰。所以，特征提取之前要对图像进行预处理。常用的预处理方法一般包括图像增强、二值化、定位和裁剪等。其中，图像定位是预处理技术的核心，其主要目的是对二值化的图像逐层剥去边缘轮廓上的点。图像定位的好坏关系着提取特征的准确与否，对指纹识别率有直接影响。

（3）特征提取模块是对预处理后的图像抽取特征，用于识别，是模式识别的一个重要环节。稳定的特征提取是整个识别系统的关键，直接决定了识别系统的性能。

（4）完成特征提取后，把特征送入指纹分类器进行识别，指纹分类器是指纹自动识别技术中最重要的环节。在指纹自动识别技术中，普遍采用指纹模板匹配分类器，指纹匹配分类器的功能是在对待识别图像提取细节特征后，将得到的细节点与指纹样品库中的指纹细节点逐一比对，得到相似度最高的即是识别结果。该方法在指纹认证系统中取得很好的应用，现今在指纹自动识别技术中也是最主要的识别方法。

指纹识别系统流程图如图 9-2 所示。

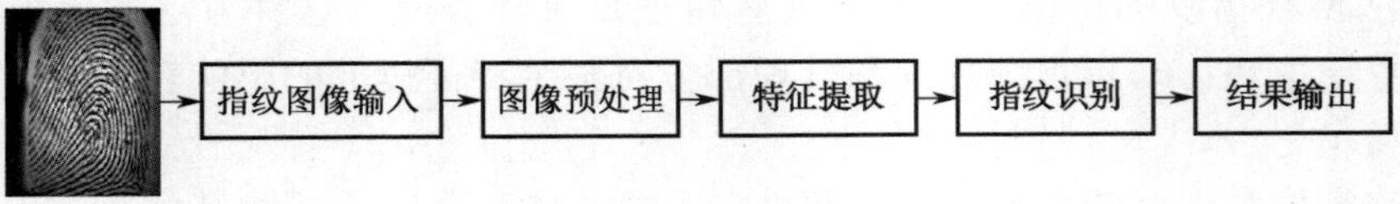

图 9-2　指纹识别系统流程图

一个完整的指纹识别系统的大体过程为：首先，采集训练样品；然后，根据指纹图像数据特点，选择合适的特征提取方法，达到提取特征的目的；最后，把指纹特征存为特征库。在识别阶段，首先将待测指纹进行与训练样品相同的处理，包括相同的预处理过程和相同的特征提取方法。当得到待测指纹的特征后，选择合适的模式匹配算法，将待测指纹的特征与特征库中的训练样品特征进行匹配，最后输出识别结果。本系统采用 MATLAB 作为开发工具，实现指纹识别。

9.3 指纹图像预处理

指纹图像的预处理主要包括指纹图片的参考点定位和裁剪等操作。指纹的参考点是指在指纹中间附近脊线和谷线的凸曲率最大的点，也叫作指纹的中心点。因为在中心点附近，指纹的纹理性最强，包含指纹较为明显的纹理特征，能够较好地表征指纹的特征信息；指纹图片的裁剪是指以参考点为基准，将指纹图像裁剪成大小为175×175 的感兴趣区域图片。这个感兴趣区域是以参考点为中心的正方形区域，包含了指纹图片中较为清晰且明显的纹理信息。

1. 参考点定位关键代码

```
function [Outputprint,XofCenter,YofCenter] = centralizing(fingerprint,ctrl)

imgN=size(fingerprint,1);                    %imgN 为图像的行数
imgM=size(fingerprint,2);                    %imgM 为图像的列数
image = wiener2(fingerprint,[3 3]);          %将图像用二维维纳低通滤波器处理，模板为 3*3
[Gx,Gy] = gradient(image);                   %求梯度，Gx、Gy 分别为水平和垂直方向的梯度矩阵
orientnum = wiener2(2.*Gx.*Gy,[3 3]);        %图像垂直方向的梯度
orientden = wiener2((Gx.^2) - (Gy.^2),[3 3]); %图像水平方向的梯度
W = 8;                                       %图像处理过程中分子块，子块大小为 8*8
ll = 9;
orient = zeros(imgN/W,imgM/W);               %源图像都是 256*256 的，orient 为一个 32*32 的零矩阵
%--------------------------------------------
points=(imgN/W)*(imgM/W);                    %32*32 个中心参考点
for i = 1:1:points                           %每个参考点循环
    x = floor((i-1)/(imgM/W))*W+1;           %floor 为向下取整，(x,y)为每个子块内参考点坐标
    y = mod(i-1,(imgN/W))*W+1;               %mod 为取余数
    numblock = orientnum(y:y+W-1,x:x+W-1);      %垂直方向每个 8*8 子块内梯度
    denblock = orientden(y:y+W-1,x:x+W-1);      %水平方向每个 8*8 子块内梯度
```

```
        somma_num=sum(sum(numblock));        %统计字块内所有垂直方向内梯度和
        somma_denom=sum(sum(denblock));      %统计字块内所有水平方向内梯度和
        if somma_denom ~= 0                  %如果水平方向子块内梯度和不为 0
            inside = somma_num/somma_denom;
            angle = 0.5*atan(inside);        %%子块内中心像素的脊线方向估计值
        else                                 %如果水平方向子块内梯度和为 0
            angle = pi/2;
        end
        % 每个子块内的参考点角度
        if angle < 0                         %如果子块内中心像素的脊线估计方向小于 0
            if somma_num < 0                 %如果子块内所有垂直方向梯度和小于 0
                angle = angle + pi/2;
            else
                angle = angle + pi;
            end
        else
            if somma_num > 0
                angle = angle + pi/2;
            end
        end
        orient(1+(y-1)/W,1+(x-1)/W) = angle;        %记录每个子块中心像素的方向
    end

    binarize = (orient < pi/2);             %将 orient 中的数二值化，小于 pi/2 的置 1，binarize 为 0,1 数组
    [bi,bj] = find(binarize);               %bi、bj 分别记录 binarize 中非零元素所在的行列的索引
    xdir = zeros(W,W);                      %8 行 8 列的零数组
    ydir = zeros(W,W);
    for k = 1:1:size(bj,1)                  %1 到二值化后图像中非零列数 1:563
        i = bj(k);                          %把非零列号赋给 i，最大值为 32
        j = bi(k);                          %把非零行号赋给 j
        if orient(j,i) < pi/2               %比较子块的参考点方向值与 pi/2 的大小
            x = fix(ll*cos(orient(j,i)-pi/2)/(W/2));      %调整子块中心点的坐标
            y = fix(ll*sin(orient(j,i)-pi/2)/(W/2));
            xdir(j,i) = i-x;
            ydir(j,i) = j-y;

        end
    end

    binarize2 = zeros(imgN/W,imgM/W);%32*32
    for i = 1:1:size(bj,1)
        x = bj(i);
        y = bi(i);
```

```
        if ~(xdir(y,x) < 1 | ydir(y,x) < 1 | xdir(y,x) > imgM/W | ydir(y,x) > imgN/W)
            while binarize(ydir(y,x),xdir(y,x)) > 0
                xtemp = xdir(y,x);
                ytemp = ydir(y,x);
                if xtemp < 1 | ytemp < 1 | xtemp > imgM/W | ytemp > imgN/W
                    break;
                end
                x = xtemp;
                y = ytemp;
                if xdir(y,x) < 1 | ydir(y,x) < 1 | xdir(y,x) > imgM/W | ydir(y,x) > imgN/W
                    if x-1 > 0
                        while binarize(y,x-1) > 0
                            x = x-1;
                            if x-1 < 1
                                break;
                            end
                        end
                    end
                    break;
                end
            end
        end
        binarize2(y,x) = binarize2(y,x)+1;
    end

    [temp,y] = max(binarize2(1:end-7,:));%
    [temp2,x] = max(temp);
    angle = orient(y(x),x)-pi/2;
    XofCenter=round(x*W-(W/2)-(ll/2)*cos(angle));
    YofCenter=round(y(x)*W-(W/2)-(ll/2)*sin(angle));
    Outputprint=binarize2;
```

2. 输出参考点关键代码

```
global fingerprint;
global graylevmax;
graylevmax=255;
fingerprint=double(fingerprint)/graylevmax;
fingerprint = fingerprint*graylevmax;
[BinarizedPrint,XofCenter,YofCenter]=centralizing(fingerprint,0);
axes(handles.axes3);
imshow(fingerprint);
hold on;
plot(XofCenter,YofCenter,'ro');
```

3. 指纹剪裁关键代码

```
%对图像进行裁剪
function [CroppedPrint] = cropping(XofCenter,YofCenter,CentralizedPrint)
N = 175;
M=size(CentralizedPrint,1);          %M 为图像的行数
imgN=size(CentralizedPrint,1);      %imgN 为图像的行数
imgM=size(CentralizedPrint,2);      %imgM 为图像的列数
if (YofCenter+30) <= M              %如果参考点纵坐标加上 30 小于图像行数
    YofCenter = YofCenter + 20;
else
    YofCenter = M;
end
if (YofCenter-floor(N/2)<1)||(YofCenter+floor(N/2)>imgN)||(XofCenter-floor(N/2)<1)||(XofCenter+floor(N/2)>
imgM)
        message='Cropping error: when the input image is cropped an error occurs: a possible error during center
point determination.';
        msgbox(message,'Cropping Error','warn');
        CroppedPrint=zeros(175);
        return;
else
CroppedPrint=CentralizedPrint(YofCenter-floor(N/2):YofCenter+floor(N/2),XofCenter-floor(N/2):XofCenter+
floor(N/2));                                    %裁剪后的图像为 175*175
End
%%%%%%%%%%%%%%%%%%%%%%%%%
function fingercroping_Callback(hObject, eventdata, handles)
% hObject      handle to fingercroping (see GCBO)
% eventdata    reserved - to be defined in a future version of MATLAB
% handles      structure with handles and user data (see GUIDATA)
global fingerprint;
global graylevmax;
graylevmax=255;
fingerprint = fingerprint*graylevmax;
[BinarizedPrint,XofCenter,YofCenter]=centralizing(fingerprint,0);
[CroppedPrint]=cropping(XofCenter,YofCenter,fingerprint);
CroppedPrint = double(CroppedPrint)/graylevmax;
axes(handles.axes3);
imshow(CroppedPrint);
```

4. 画出感兴趣区域关键代码

```
function [sector_num] = whichsector(index)   %哪个扇形区
% index is the index of current pixel of cropped image ( cropped image is
% 175 x 175 ); sector_num is the output and represents what is the
% corresponding sector.相应扇形
```

```
%index 代表裁剪后的图像像素索引号，sector_num 为输出并且代表了相应的扇形
length = 175;                          %裁剪后图像宽高
x = rem( index , length );             %rem 取余数
y = floor(index / length);             %向下取整
x = x - floor(length / 2);             %x=x-87
y = y - floor(length / 2);
rad = (x*x) + (y*y);
if rad < 144                           % innerest radius = 12 (144=12*12)内圆半径
    sector_num = 36;                   %扇形区数为 36
    % sector_num;
    return
end
if rad >= 5184                         % outtest radius = 72 (5184=72*72)外圆半径
    sector_num = 37;                   %扇形区数为 37 个
    %sector_num;
    return
end
if x ~= 0
    theta = atan( y / x );
else
    if y > 0
        theta = pi/2;
    else
        theta = -pi/2;
    end
end
if x < 0
    theta = theta + pi;
else
    if theta < 0
        theta = theta + 2*pi;
    end
end

if theta < 0
    theta = theta + 2*pi;
end
r = floor(rad ^ 0.5);
ring = floor(( r-12 )/20);             %几个圆环
arc = floor(theta /(pi/6));            %每个圆环有 12 个扇形
sector_num = ring * 12 + arc;          %记录哪个圆环的哪个扇形
%%%%%%%%%%%%%%%%%%%%%%%%%%%%%
function fingerinterest_Callback(hObject, eventdata, handles)
```

```
% hObject      handle to fingerinterest (see GCBO)
% eventdata    reserved - to be defined in a future version of MATLAB
% handles      structure with handles and user data (see GUIDATA)
global fingerprint;
global graylevmax;
graylevmax=255;
fingerprint = fingerprint/graylevmax;
fingerprint = fingerprint*graylevmax;
[BinarizedPrint,XofCenter,YofCenter]=centralizing(fingerprint,0);
[CroppedPrint]=cropping(XofCenter,YofCenter,fingerprint);
%裁剪后的图像为 175*175
for (i=1:1:175*175)                          %每个像素循环
    tmp=CroppedPrint(i);                     %记录像素的灰度值
    CroppedPrint(i)=whichsector(i);          %得到每个像素所在的扇形区号
    if (CroppedPrint(i)==36 | CroppedPrint(i)==37)
        CroppedPrint(i)=tmp/graylevmax;
    else
        CroppedPrint(i)=CroppedPrint(i)/64;  %当前像素值除以 64
    end
end
axes(handles.axes3);
imshow(CroppedPrint);
```

5. 图像归一化

```
function [disk,vector] = sector_norm( image , mode , mix)
%得到归一化后的图像
% N=175 size of cropped image (175 x 175)
%裁剪后图像大小为 175*175
N=175;
% Number of sectors 扇形区数
M=38;

size_m=N*N;              %裁剪后图像大小

mean_s=zeros(M,1);       %记录每个扇形区的灰度平均值
varn_s=zeros(M,1);       %记录每个扇形区的灰度方差
num_s=zeros(M,1);
image1=zeros(175,175);
Mo=50;                   %灰度平均值
Vo=50;                   %灰度方差值

for ( i=1:1:size_m)      %每个像素循环
    tmp=whichsector(i);  %temp 代表第 i 个像素所在的扇形区号（1～38）
```

```
        tmp=tmp+1;
        if (tmp>=1)                                    %如果扇形区号大于等于 1
            mean_s(tmp)= mean_s(tmp)+image(i);         %将当前扇形区的灰度平均值+当前元素灰度值
            num_s(tmp)=num_s(tmp)+1;                   %统计扇形区号为 temp 的像素个数
        end
    end

    for (i=1:1:M)                                      %每个扇形区循环
        mean_s(i)=mean_s(i)/num_s(i);                  %改变扇形区的灰度平均值
    end

    for ( i=1:1:size_m)
        tmp=whichsector(i);
        tmp=tmp+1;
        if (tmp>=1)
            varn_s(tmp)= varn_s(tmp) + (image(i)- mean_s(tmp))^2;
        end
    end

    for (i=1:1:M)
        varn_s(i)= varn_s(i) / num_s(i);               %改变扇形区的方差值
    end

    if (mix==0 | mix==1)
        for (i=1:1:size_m)
            tmp=whichsector(i);
            tmp=tmp+1;
            image1(i)=varn_s(tmp);
        end
    end

    if ( mode == 0 )
        for ( i=1:1:size_m)                            %每个像素循环
            tmp=whichsector(i);
            tmp=tmp+1;
            if (tmp>=1 & abs(varn_s(tmp))>1)           %如果扇形区号大于 1 并且方差的绝对值大于 0
                if ((image(i) - mean_s(tmp))<0)        %如果当期像素值-扇形区平均灰度值<0
                    if (tmp==37 | tmp==38) & mix==0    %如果扇形区号为 37 或 38，即最内圆和最外圆内
                        image1(i)=50;                  %将当前像素的灰度值变为 50
                    else
                        image1(i)=Mo - (Vo/varn_s(tmp)*((image(i) - mean_s(tmp))^2))^0.5;%
                    end
                else                                   %如果当期像素值-扇形区平均灰度值>0
```

```
                if (tmp==37 | tmp==38) & mix==0
                    image1(i)=50;
                else
                    image1(i)=Mo + (Vo/varn_s(tmp)*((image(i) - mean_s(tmp))^2))^0.5;
                end
            end
        else%
            image1(i)=Mo;
        end
    end

    disk=image1;                                    %归一化后的图像赋予 disk
    vector=varn_s;                                  %vector 记录每个扇形区的方差
else
    disk=image1;
    vector=varn_s;
end
%%%%%%%%%%%%%%%%%%%%%%
function fingerguiyihua_Callback(hObject, eventdata, handles)
% hObject    handle to fingerguiyihua (see GCBO)
% eventdata  reserved - to be defined in a future version of MATLAB
% handles    structure with handles and user data (see GUIDATA)
global fingerprint;
global graylevmax;
graylevmax=255;
fingerprint = fingerprint*graylevmax;
[BinarizedPrint,XofCenter,YofCenter]=centralizing(fingerprint,0);
[CroppedPrint]=cropping(XofCenter,YofCenter,fingerprint);
[NormalizedPrint,vector] = sector_norm( CroppedPrint , 0 , 0);
CroppedPrint = double(CroppedPrint)/graylevmax;
NormalizedPrint = double(NormalizedPrint)/100;   %将图像中的每个像素除以 100
axes(handles.axes3);
imshow(NormalizedPrint);
```

6. 效果图

指纹图像预处理效果如图 9-3 所示。

（a）指纹原图　　（b）参考点定位　　（c）指纹裁剪

图 9-3　指纹图像预处理效果

9.4 指纹图像 Gabor 滤波

9.4.1 Gabor 滤波

本章采用基于纹理特征的方法，主要是依据脊线与谷线之间的纹理走向和距离进行判断。指纹图像包含较为清晰的纹理，如图 9-4 所示。由于二维 Gabor 滤波的特性描述与人的神经视觉感受视野具有高度相似性，如图 9-5 所示，自然想到利用二维 Gabor 滤波器对指纹图像进行特征提取。对于一幅二维指纹图像 $I(x,y)$，Gabor 小波可以方便地提取指纹图像在各个尺度和方向上的纹理信息，同时在一定程度上降低了图像中光照变化和噪声的影响。因此，设计一个八方向的二维 Gabor 滤波器实现指纹图像的纹理信息，八方向 Gabor 滤波器如图 9-5 所示。该算法对指纹图片质量要求较低，对较为模糊的指纹图片仍具有较好的鲁棒性，但是该算法的识别精度在很大程度上取决于参考点的精确定位。

图 9-4　指纹图像

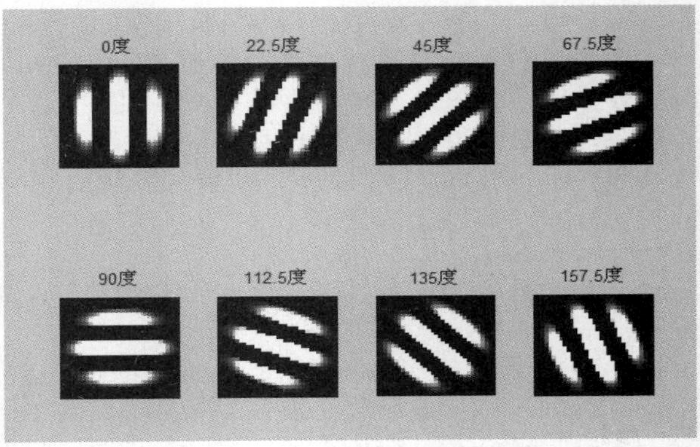

图 9-5　八方向 Gabor 滤波器

1. 构造二维 Gabor 滤波器关键代码

```
function [gaborp_2d]=gabor2d_sub(angle,num_disk)
variance=32;                          %2*16=32,16 为方差
k=10;                                 %两个脊线间的距离
x=cos(angle*pi/num_disk);             %angle=0～7，num_disk=8
y=sin(angle*pi/num_disk);
w=(2*pi)/k;                           %w=pi/5，f=1/k，w=2*pi*f，w=2*pi/k，w 为滤波频率
p=0;
m=0;
for (i=-16:1:16)                      %33*33 的 Gabor 滤波模板
    p=p+1;
    sinp(p)=i*y;                      %一个数组
    cosp(p)=i*x;
end
```

```
p=0;
for (j=1:1:33)                              %计算每一个模板系数
    for (i=1:1:33)
        p=p+1;
        xx(p)=sinp(i)+cosp(j);
        yy(p)=cosp(i)-sinp(j);
        gaborp(p)=1*exp(-((xx(p)*xx(p))+(yy(p)*yy(p)))/variance)*cos(w*xx(p));
        gaborp_2d(i,j)=gaborp(p);      %33*33 的矩阵求出模板系数
    end
end
```

2. 显示 Gabor 滤波器关键代码

```
function fingergabor_Callback(hObject, eventdata, handles)
% hObject      handle to fingergabor (see GCBO)
% eventdata    reserved - to be defined in a future version of MATLAB
% handles      structure with handles and user data (see GUIDATA)
num_disk=8;                                    %方向数
for (angle=0:1:num_disk-1)
    gabor=gabor2d_sub(angle,num_disk);      %得到 Gabor 滤波器
    gabor=gabor*128;
    switch angle<num_disk
        case (angle==0),
            axes(handles.axes5);
            imshow(gabor);
        case (angle==1),
            axes(handles.axes6);
            imshow(gabor);
        case (angle==2),
            axes(handles.axes7);
            imshow(gabor);
        case (angle==3),
            axes(handles.axes8);
            imshow(gabor);
        case (angle==4),
            axes(handles.axes9);
            imshow(gabor);
        case (angle==5),
            axes(handles.axes10);
            imshow(gabor);
        case (angle==6),
            axes(handles.axes11);
            imshow(gabor);
        case (angle==7),
```

```
                axes(handles.axes12);
                  imshow(gabor);
            otherwise
                  error('Nothing !');
        end
    end
```

9.4.2 指纹图像 Gabor 滤波方法

指纹图像固有的生理结构特征使得在虹膜特征提取时构造的二维 Gabor 滤波器不再适用，所以要调整二维 Gabor 滤波器的参数，重新构造适合指纹图像的滤波器。二维 Gabor 滤波器的参数较多，通过设置不同的参数可以得到不同的 Gabor 滤波器组。合理地选择参数不仅能够有效地提取指纹的纹理信息，更能使得提取的指纹特征保持在一个较为理想的维数。从图 9-4 中我们可以看出，指纹脊线和谷线之间的距离较为一致，主要的特征信息为脊线和谷线间的方向性特征。所以，我们在设计滤波器的时候可以尽量减少尺度信息，增加方向信息。本节构造的提取指纹特征的二维 Gabor 滤波器为单尺度、八方向的二维 Gabor 滤波器。尺度信息根据脊线和谷线之间的距离取为 10 个像素大小。方向选择 $\theta=0°$ ，$\theta=22.5°$ ，$\theta=45°$ ，θ=67.5° ，$\theta=90°$ ，$\theta=112.5°$ ，$\theta=135°$ ，$\theta=157.5°$ 八个方向。这样就可以很好地覆盖指纹各个方向的纹理信息，利用构造的八方向二维 Gabor 滤波器可以有效地提取指纹的纹理信息。

1. 实现步骤

（1）通过确定指纹像素间的最大曲率点实现参考点的定位。

（2）以参考点为中心点对指纹图片进行裁剪，提取出靠近中心点的纹理较强的区域。

（3）构造单尺度、八方向二维 Gabor 滤波器。其中，方向选择 $\theta=0°$ ，$\theta=22.5°$ ，$\theta=45°$ ，θ=67.5° ，$\theta=90°$ ，$\theta=112.5°$ ，$\theta=135°$ ，$\theta=157.5°$ 八个方向。尺度信息根据脊线和谷线之间的距离取为 10 个像素大小。

（4）基于二维 Gabor 滤波器对靠近中心点的纹理较强的区域进行滤波。

2. 八方向 Gabor 滤波器对指纹图像滤波关键代码

```
function fingerconvert_Callback(hObject, eventdata, handles)
% hObject      handle to fingerconvert (see GCBO)
% eventdata    reserved - to be defined in a future version of MATLAB
% handles      structure with handles and user data (see GUIDATA)
global fingerprint;
global graylevmax;
graylevmax=255;
fingerprint = fingerprint*graylevmax;
N=175;
num_disk=8;
[BinarizedPrint,XofCenter,YofCenter]=centralizing(fingerprint,0);
```

```
[CroppedPrint]=cropping(XofCenter,YofCenter,fingerprint);
[NormalizedPrint,vector]=sector_norm(CroppedPrint,0,1);
for (angle=0:1:num_disk-1)
    gabor=gabor2d_sub(angle,num_disk);                                %得到滤波器
    z2=gabor;
    z1=NormalizedPrint;                                               %归一化后的指纹图像
    z1x=size(z1,1);%175
    z1y=size(z1,2);
    z2x=size(z2,1);%33
    z2y=size(z2,2);
    ComponentPrint=real(ifft2(fft2(z1,z1x+z2x-1,z1y+z2y-1).*fft2(z2,z1x+z2x-1,z1y+z2y-1)));
                                                                      %207*207 转变成相同大小的矩阵
    px=((z2x-1)+mod((z2x-1),2))/2;                                    %mod 取余数,px=16
    py=((z2y-1)+mod((z2y-1),2))/2;                                    %py=16
    ComponentPrint=ComponentPrint(px+1:px+z1x,py+1:py+z1y); %图像转变成 175*175
    [disk,vector]=sector_norm(ComponentPrint,1,0);
    img = double(ComponentPrint)/graylevmax;
    switch angle<8
        case (angle==0),
            axes(handles.axes5);
            imshow(img);
        case (angle==1),
            axes(handles.axes6);
            imshow(img);
        case (angle==2),
            axes(handles.axes7);
            imshow(img);
        case (angle==3),
            axes(handles.axes8);
            imshow(img);
        case (angle==4),
            axes(handles.axes9);
            imshow(img);
        case (angle==5),
            axes(handles.axes10);
            imshow(img);
        case (angle==6),
            axes(handles.axes11);
            imshow(img);
        case (angle==7),
            axes(handles.axes12);
            imshow(img);
        otherwise
```

```
                error('Nothing !');
        end
    end
```

3. 效果图

指纹 Gabor 滤波效果如图 9-6 所示。

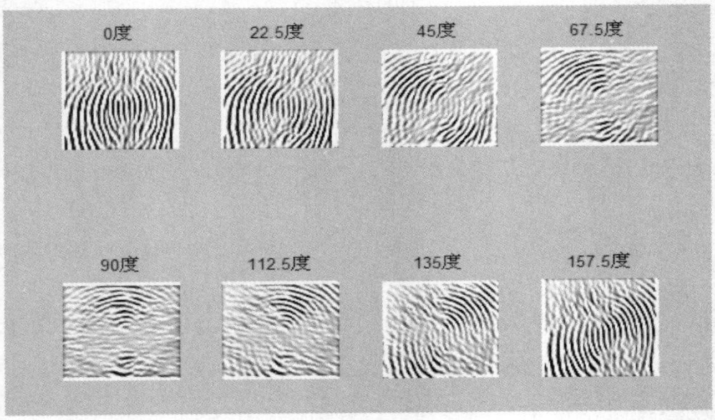

图 9-6　指纹 Gabor 滤波效果

从图 9-6 中可以看到，滤波器有效地提取了各个方向上指纹的纹理信息，这 8 个特征矩阵可表征当前指纹图像的特征信息。

9.5 指纹特征降维

1. 特征降维的实现方法

指纹图像经过八方向 Gabor 滤波器处理后维数非常高，这就要求采取有效的降维方法，以满足识别要求。离散余弦变换（DCT）很好地克服了传统降维算法的缺点，它不仅能够保留原始的重要特征信息，运算速度也较快。

二维离散余弦变换定义如下：

$$F(0,0)=\frac{1}{N}\sum_{x=0}^{N-1}\sum_{y=0}^{N-1}f(x,y) \tag{9-1}$$

$$F(0,v)=\frac{\sqrt{2}}{N}\sum_{x=0}^{N-1}\sum_{y=0}^{N-1}f(x,y)\cdot\cos\frac{(2x+1)v\pi}{2N} \tag{9-2}$$

$$F(u,0)=\frac{\sqrt{2}}{N}\sum_{x=0}^{N-1}\sum_{y=0}^{N-1}f(x,y)\cdot\cos\frac{(2y+1)u\pi}{2N} \tag{9-3}$$

$$F(u,v)=\frac{\sqrt{2}}{N}\sum_{x=0}^{N-1}\sum_{y=0}^{N-1}f(x,y)\cdot\cos\frac{(2y+1)u\pi}{2N}\cdot\cos\frac{(2x+1)v\pi}{2N} \tag{9-4}$$

$f(x,y)$ 代表指纹图像空间某一位置的像素值， $x,y=0,1,2,\cdots,N-1$ 为当前的图像像素位置； $F(u,v)$ 代表图像在频率域相应位置的振幅值， $u,v=1,2,\cdots,N-1$ 。二维离散余弦变换其实是两次一维离散余弦变换的合成，二维离散余弦变换的本质就是进行两次一维离散余弦变换。

2. 利用 DCT 对八方向 Gabor 滤波图像降维步骤

首先对某一方向 Gabor 滤波图像进行二维离散余弦变换处理。二维离散余弦变换方法为行列法，即先沿着行（列）进行一次离散余弦变换，再沿着列（行）进行一次离散余弦变换。离散余弦变换可以把图像的大部分信息集中在某一部分，并且能够较好地去除图像间的相关性，图 9-7（a）所示的指纹图像经离散变换后的降维效果如图 9-7（b）所示。

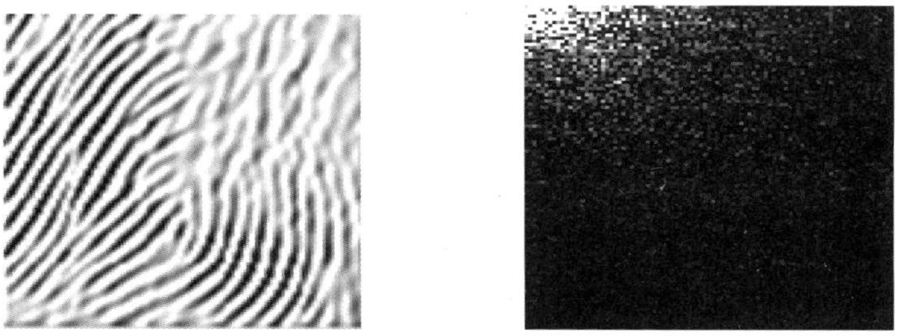

（a）指纹图像　　（b）降维效果

图 9-7　指纹图像 DCT 降维

从图 9-7（b）中可以看出，图像的主要信息部分都集中在了图像的左上角，这样可以提取左上角的少量信息作为图像的有效信息，从而极大地压缩了图像存储空间，实现了图像降维的目的。

3. DCT 降维关键代码

```
function fingerconvert_Callback(hObject, eventdata, handles)
% hObject      handle to fingerconvert (see GCBO)
% eventdata    reserved - to be defined in a future version of MATLAB
% handles      structure with handles and user data (see GUIDATA)
global fingerprint;
global graylevmax;
graylevmax=255;
fingerprint = fingerprint*graylevmax;
N=175;
num_disk=8;
[BinarizedPrint,XofCenter,YofCenter]=centralizing(fingerprint,0);
[CroppedPrint]=cropping(XofCenter,YofCenter,fingerprint);
[NormalizedPrint,vector]=sector_norm(CroppedPrint,0,1);
for (angle=0:1:num_disk-1)
    gabor=gabor2d_sub(angle,num_disk);            %得到滤波器
    z2=gabor;
    z1=NormalizedPrint;                           %归一化后的指纹图像
    z1x=size(z1,1);%175
    z1y=size(z1,2);
    z2x=size(z2,1);%33
```

```
    z2y=size(z2,2);
    ComponentPrint=real(ifft2(fft2(z1,z1x+z2x-1,z1y+z2y-1).*fft2(z2,z1x+z2x-1,z1y+z2y-1)));    %207*207
转变成相同大小的矩阵
    px=((z2x-1)+mod((z2x-1),2))/2;                                  %mod 取余数,px=16
    py=((z2y-1)+mod((z2y-1),2))/2;                                  %py=16
    ComponentPrint=ComponentPrint(px+1:px+z1x,py+1:py+z1y);         %图像转变成 175*175
    [disk,vector]=sector_norm(ComponentPrint,1,0);
    img = double(ComponentPrint)/graylevmax;
  switch angle<8
      case (angle==0),
        subplot(2,4,1);
          imshow(abs(dct2(img)));
          title('0 度');
      case (angle==1),
           subplot(2,4,2);
           imshow(abs(dct2(img)));
           title('22.5 度');
      case (angle==2),
           subplot(2,4,3);
          imshow(abs(dct2(img)));
          title('45 度');
      case (angle==3),
           subplot(2,4,4);
           imshow(abs(dct2(img)));
           title('67.5 度');
      case (angle==4),
           subplot(2,4,5);
           imshow(abs(dct2(img)));
           title('90 度');
      case (angle==5),
           subplot(2,4,6);
         imshow(abs(dct2(img)));
         title('112.5 度');
      case (angle==6),
          subplot(2,4,7);
           imshow(abs(dct2(img)));
           title('135 度');
      case (angle==7),
           subplot(2,4,8);
           imshow(abs(dct2(img)));
           title('157.5 度');
      otherwise
          error('Nothing !');
```

```
    end
end
```

9.6 指纹识别实现

本系统采用模板匹配法实现指纹识别。

1. 实现步骤

（1）从 data.dat 样品数据库中调出所有人的指纹样品特征值。

（2）对待测指纹图像定位参考点。

（3）以参考点为中心，对指纹图像剪裁。

（4）构造单尺度、八方向的二维 Gabor 滤波器。尺度信息根据脊线和谷线之间的距离取为 10 个像素大小。方向选择 $\theta=0°$，$\theta=22.5°$，$\theta=45°$，$\theta=67.5°$，$\theta=90°$，$\theta=112.5°$，$\theta=135°$，$\theta=157.5°$ 八个方向。

（5）对指纹图像进行滤波，可以得到 8 幅滤波后的指纹特征图像。

（6）对这 8 幅指纹特征图像分别采用离散余弦变换处理降维，降维至 $w_3 \times h_3$，并转变成 $c_i(i=1,2,\cdots,8,\ c_i=w_3 \times h_3)$ 维的列向量，将这 8 个列向量首尾相接组成 c 维指纹特征列向量 $\boldsymbol{z}$，$\boldsymbol{z}$ 的表示见式（9-5）。

$$\boldsymbol{z}=\begin{bmatrix} z_1 \\ z_2 \\ \cdots \\ z_8 \end{bmatrix} \in R^{c\times 1}(c=\sum_{i=1}^{8} c_i, c_i=w_3 \times h_3) \tag{9-5}$$

（7）将待测样品指纹特征列向量 $\boldsymbol{z}$ 与样品数据库中已知指纹特征列向量 $\boldsymbol{X}_i$ 代入公式进行计算：$|\boldsymbol{z}-\boldsymbol{X}_i| / |\boldsymbol{X}|$。

（8）若相似度小于阈值，则找到与指纹图像数据库中最接近的样品，系统识别成功；否则，识别失败，将待测指纹图像特征加入数据库中。

2. 特征存库关键代码

```
function fingersave_Callback(hObject, eventdata, handles)
% hObject    handle to fingersave (see GCBO)
% eventdata  reserved - to be defined in a future version of MATLAB
% handles    structure with handles and user data (see GUIDATA)
global fingerprint;
global graylevmax;
graylevmax=255;
fingerprint = fingerprint*graylevmax;
N=175;
num_disk=8;
[BinarizedPrint,XofCenter,YofCenter]=centralizing(fingerprint,0);
```

```
[CroppedPrint]=cropping(XofCenter,YofCenter,fingerprint);
[NormalizedPrint,vector]=sector_norm(CroppedPrint,0,1);
for (angle=0:1:num_disk-1)
    gabor=gabor2d_sub(angle,num_disk);    %得到滤波器
    z2=gabor;
    z1=NormalizedPrint;
    z1x=size(z1,1);                       %归一化图像的行数
    z1y=size(z1,2);
    z2x=size(z2,1);                       %滤波器模板行数
    z2y=size(z2,2);
   ComponentPrint=real(ifft2(fft2(z1,z1x+z2x-1,z1y+z2y-1).*fft2(z2,z1x+z2x-1,z1y+z2y-1)));%Gabor 滤波
    px=((z2x-1)+mod((z2x-1),2))/2;
    py=((z2y-1)+mod((z2y-1),2))/2;
    ComponentPrint=ComponentPrint(px+1:px+z1x,py+1:py+z1y);
    [disk,vector]=sector_norm(ComponentPrint,1,0);
    %img = double(ComponentPrint)/graylevmax;
    %img1 = double(disk)/51200;
    finger_code1{angle+1}=vector(1:36);   %将每个滤波器的 36 个扇形区的方差作为特征
end
load('finfor.dat','fingerprint','-mat');
fingerprint=imrotate(fingerprint,22.5/2);      %对图像进行旋转
imgN=size(fingerprint,1);
imgM=size(fingerprint,2);
modN=mod(imgN,8);
modM=mod(imgM,8);
fingerprint=double(fingerprint(modN+1:imgN,modM+1:imgM));
[BinarizedPrint,XofCenter,YofCenter]=centralizing(fingerprint,0);
[CroppedPrint]=cropping(XofCenter,YofCenter,fingerprint);
[NormalizedPrint,vector]=sector_norm(CroppedPrint,0,1);
for (angle=0:1:num_disk-1)                    %每个滤波器循环
    gabor=gabor2d_sub(angle,num_disk);
    z2=gabor;
    z1=NormalizedPrint;
    z1x=size(z1,1);
    z1y=size(z1,2);
    z2x=size(z2,1);
    z2y=size(z2,2);
    ComponentPrint=real(ifft2(fft2(z1,z1x+z2x-1,z1y+z2y-1).*fft2(z2,z1x+z2x-1,z1y+z2y-1)));
    px=((z2x-1)+mod((z2x-1),2))/2;
    py=((z2y-1)+mod((z2y-1),2))/2;
    ComponentPrint=ComponentPrint(px+1:px+z1x,py+1:py+z1y);
    [disk,vector]=sector_norm(ComponentPrint,1,0);
    %img = double(ComponentPrint)/graylevmax;
```

```
        %img1 = double(disk)/51200;
        finger_code2{angle+1}=vector(1:36);    %将每个滤波器的 36 个扇形区的方差作为特征
end
% FingerCode added to database
if (exist('fp_database.dat')==2)
        load('fp_database.dat','-mat');
        fp_number=fp_number+1;%
        data{fp_number,1}=finger_code1;
        data{fp_number,2}=finger_code2;
        save('fp_database.dat','data','fp_number','-append');
else
        fp_number=1;
        data{fp_number,1}=finger_code1;
        data{fp_number,2}=finger_code2;
        save('fp_database.dat','data','fp_number');
end
msgbox('存库成功！ ');
```

3. 指纹识别关键代码

```
function fingercheck_Callback(hObject, eventdata, handles)
% hObject       handle to fingercheck (see GCBO)
% eventdata    reserved - to be defined in a future version of MATLAB
% handles       structure with handles and user data (see GUIDATA)
global fingerprint;
global graylevmax;
graylevmax=255;
fingerprint = fingerprint*graylevmax;
N=175;
num_disk=8;
[BinarizedPrint,XofCenter,YofCenter]=centralizing(fingerprint,0);
[CroppedPrint]=cropping(XofCenter,YofCenter,fingerprint);
[NormalizedPrint,vector]=sector_norm(CroppedPrint,0,1);
for (angle=0:1:num_disk-1)
        gabor=gabor2d_sub(angle,num_disk);
        z2=gabor;
        z1=NormalizedPrint;
        z1x=size(z1,1);
        z1y=size(z1,2);
        z2x=size(z2,1);
        z2y=size(z2,2);
        ComponentPrint=real(ifft2(fft2(z1,z1x+z2x-1,z1y+z2y-1).*fft2(z2,z1x+z2x-1,z1y+z2y-1)));
        px=((z2x-1)+mod((z2x-1),2))/2;
        py=((z2y-1)+mod((z2y-1),2))/2;
```

```
        ComponentPrint=ComponentPrint(px+1:px+z1x,py+1:py+z1y);
        [disk,vector]=sector_norm(ComponentPrint,1,0);
        %img = double(ComponentPrint)/graylevmax;
        %img1 = double(disk)/51200;
        finger_code{angle+1}=vector(1:36);
end
% FingerCode of input fngerprint has just been calculated.
% Checking with BadaBase
if (exist('fp_database.dat')==2)
        load('fp_database.dat','-mat');
        %---- alloco memoria -----------------------------------
        ruoto1=zeros(36,1);
        ruoto2=zeros(36,1);
        vettore_d1=zeros(12,1);
        vettore_d2=zeros(12,1);
        best_matching=zeros(fp_number,1);
        % start checking ---------------------------------------
        for scanning=1:fp_number            %与指纹库中的每一个图像对比
                fcode1=data{scanning,1};     %fcode1 为 1*8 的数组，其中的每个元素为 36*1 的数组
                fcode2=data{scanning,2};
                for rotazione=0:1:11
                        d1=0;
                        d2=0;
                        for disco=1:8
                                f1=fcode1{disco};  %36*1 的数组
                                f2=fcode2{disco};
                                % ora ruoto f1 ed f2   della rotazione ciclica ----------
                                for old_pos=1:12
                                        new_pos=mod(old_pos+rotazione,12);
                                        if (new_pos==0)
                                                new_pos=12;
                                        end
                                        ruoto1(new_pos)=f1(old_pos);
                                        ruoto1(new_pos+12)=f1(old_pos+12);
                                        ruoto1(new_pos+24)=f1(old_pos+24);
                                        ruoto2(new_pos)=f2(old_pos);
                                        ruoto2(new_pos+12)=f2(old_pos+12);
                                        ruoto2(new_pos+24)=f2(old_pos+24);
                                end
                                %-------------------------------------------------------
                                d1=d1+norm(finger_code{disco}-ruoto1);
                                d2=d2+norm(finger_code{disco}-ruoto2);
                        end
```

```
            vettore_d1(rotazione+1)=d1;
            vettore_d2(rotazione+1)=d2;
        end
        [min_d1,pos_min_d1]=min(vettore_d1);
        [min_d2,pos_min_d2]=min(vettore_d2);
        if min_d1<min_d2
            minimo=min_d1;
        else
            minimo=min_d2;
        end
        best_matching(scanning)=minimo;
    end
    [distanza_minima,posizione_minimo]=min(best_matching);%返回参数第一个为最小距离，第二个为
匹配位置
    beep;
    message=strcat('最匹配的指纹图像是: ',num2str(posizione_minimo),...
                                  ' 匹配距离为 : ',num2str(distanza_minima));
    msgbox(message,'DataBase Info','help');
    %--------------------------------------------------------
  else
    message='DataBase is empty. No check is possible.';
    msgbox(message,'FingerCode DataBase Error','warn');
end
```

4. 效果图

指纹识别效果如图 9-8 所示。

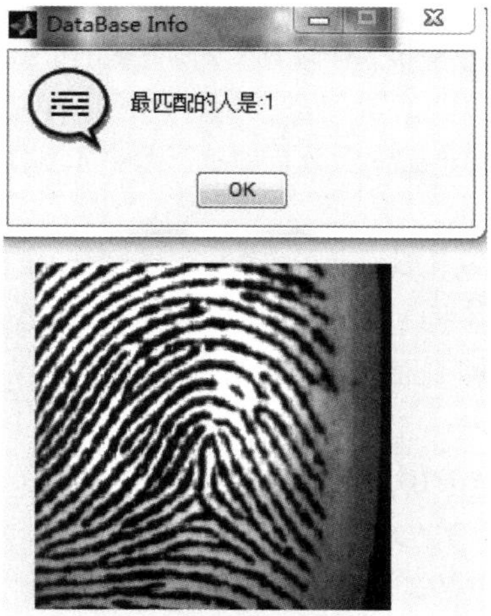

图 9-8　指纹识别效果

参考文献

[1] 丁秋芳．车牌自动定位切分技术[J]．江苏交通，2003，（1）：23-24.

[2] 徐建闽，贺敬凯．车型与车牌自动识别技术分析[J]．交通信息与安全，2002，20（2）：7-12.

[3] 李睿，皮佑国．一种车牌图像的快速定位算法[J]．微型电脑应用，2003，19（8）：46-48.

[4] 王光彪．基于双目机器人的动态目标检测与跟踪方法研究[D]．天津：天津理工大学，2013.

[5] 洪俊．网络视频会议系统的设计与实现[D]．天津：天津理工大学，2007.

[6] 安博．动态背景下运动目标检测的研究[D]．天津：天津理工大学，2009.

[7] 张成．基于图像序列的运动目标识别与跟踪方法研究[D]．天津：天津理工大学，2012.

[8] 王厚雪．基于目标识别的视音频合成传输系统设计[D]．天津：天津理工大学，2006.

[9] 刘庆祥，徐正全．一种车牌自动识别系统的设计方案[J]．武汉理工大学学报（交通科学与工程版），2003，27（4）：552-554.

[10] 袁志伟，潘晓露，陈艾，李一民．车辆牌照定位的算法研究[J]．昆明理工大学学报，2001，26（2）：56-60.

[11] 范艳峰，肖乐，甄彤．自由手写体数字识别技术研究[J]．计算机工程，2005，31（10）：168-170.

[12] 张金林，杭宇，芮挺等．统计不相关性的最佳鉴别变换的手写数字识别[J]．解放军理工大学自然科学版，2007，8（3）：246-249.

[13] 芮挺，沈春林，丁健等．基于主分量分析的手写数字识别[J]．小型微型计算机系统，2005，26（2）：289-292.

[14] 双小川，张克．基于统计和结构特征的手写数字识别研究[J]．计算机工程与设计，2012.

[15] 杨勇，谢刚生．基于 BP 神经网络的手写数字识别[J]．华东地质学院学报，2003.

[16] 吴谨，邱亚．基于空间分布特征的手写体数字识别[J]．武汉科技大学学报（自然科学版），2004，27（2）：176-178.

[17] 杨淑莹，王厚雪，章慎锋．基于 BP 神经网络的手写字符识别[J]．天津理工大学学报，2006：82-84.

[18] 王林泉，汪午龙，汤笑笑．手写汉字识别预处理算法研究[J]．计算机工程，1995，21（5）：56-58.

[19] 章慎锋．基于 USB 口汉字识别研究[D]．天津：天津理工大学，2006.

[20] 崔海霞，杨红，刘佐濂．MNIST 邮政编码手写数字识别的研究[J]．广州大学学报（自然科学版），2009.

[21] 王妍．邮政编码识别技术研究[D]．天津：天津理工大学，2011.

[22] 陈红亮，原晓梅．扁平件标签中邮政编码字符的精确切分[J]．上海海事大学学报，2005.

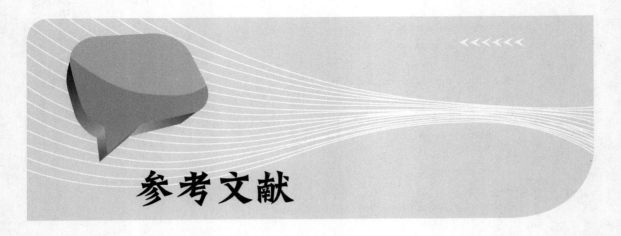

[23] 吕岳等．窗口信函邮政编码分割与识别系统的研究和实现[J]．计算机研究与发展．1999.

[24] 章毓晋．图像分割[M]．北京：科学出版社，2001.

[25] 刘忠伟，章毓晋．利用局部累加直方图进行彩色图象检索[J]．中国图象图形学报，1998，3（7）：533-537.

[26] 孟国强，陈大立．车辆牌照自动识别系统预处理算法研究[J]．河南科学，2002，20（5）：594-596.

[27] 郑越，杨淑莹．一种基于三阶亮度校正的平面视频转立体视频快速算法[J]．天津理工大学学报，2012，28（2）：27-31.

[28] 张芮，姚明海，顾勤龙．车辆牌照识别系统的一个新的实现方法[J]．控制工程，2003，10（1）：59-61.

[29] 黄志斌，陈锻生．支持向量机在车牌字符识别中的应用[J]．计算机工程，2003，29（5）：192-194.

[30] 陈锻生，谢志鹏，刘政凯．复杂背景下彩色图像车牌提取与字符分割技术[J]．小型微型计算机系统，2002，23（9）：1144-1148.

[31] 梁栋，高隽，付启众，等．基于形状特性和反 Hough 变换的车牌区域定位与重建[J]．计算机应用，2002，22（5）：43-44.

[32] 韩智广，老松杨，谢毓湘，袁玉宝，熊力．车牌分割与矫正[J]．计算机工程与应用，2003，（9）：210-212.

[33] 胡爱明，周孝宽．车牌图像的快速匹配识别方法[J]．计算机工程与应用，2003，39（7）：90-91.

[34] 郑越．基于平面视频的立体变换技术的研究与实现[D]．天津理工大学学报，2013.

[35] 杨淑莹．VC++图像处理程序设计[M]．第 2 版．北京：清华大学出版社，2004.

[36] 杨淑莹．模式识别与智能计算——MATLAB 技术实现[M]．第 2 版．北京：电子工业出版社，2011.

[37] 杨淑莹，胡军，曹作良．基于图像纹理分析的目标物体识别方法[J]．天津理工大学学报，2001，17（4）：31-33.

[38] 杨淑莹，吴涛，张迎，等．基于模拟退火的粒子滤波在目标跟踪中的应用[J]．光电子・激光，2011（8）：1236-1240.

[39] 杨淑莹，何丕廉．基于遗传算法的多目标识别实时系统设计[J]．模式识别与人工智能，2006，19（3）：325-330.

[40] 杨淑莹，王厚雪，章慎锋，等．序列图像中运动目标聚类识别技术研究[J]．天津师范大学学报（自然科学版），2005，25（3）：51-53.

[41] 杨淑莹，任翠池，张成，等．基于机器视觉的齿轮产品外观缺陷检测[J]．天津大学学报：自然科学与工程技术版，2007，40（9）：1111-1114.

[42] Shuying Yang. Tracking unknown moving targets on omnidirectional vision[J]. Vision research，2009.

[43] 杨淑莹，韩学东．基于视觉的自引导车实时跟踪系统研究[J]．哈尔滨工业大学学报，2004，36（11）：1471-1546.

[44] 洪俊，杨淑莹，任翠池．基于图像分割的伪并行免疫遗传算法聚类设计[J]．天津理工大学学报，2006，22（5）：83-85.

[45] 杨淑莹．图像模式识别 VC++技术实现[M]．北京：清华大学出版社，2005.

[46] 黄志斌．面向车辆牌照的 L 快速二值比算法[J]．华侨大学学报，2002，（10）：427-430.

[47] 叶晨洲，廖金周，梅帆．车辆牌照字符识别系统[J]．计算机系统应用，1999，（5）：10-13.

[48] 廖金周，宣国荣．车辆牌照的自动分割[J]．微型电脑应用，1999，（7）：32-34.

[49] 王广宇．车辆牌照识别系统综述[J]．郑州轻工业学院学报（自然科学版），2001，（6）：47-50.

[50] 崔江，王友仁．车牌自动识别方法中的关键技术研究[J]．计算机测量与控制，2003，(11)：260-262.

[51] 陈元元．基于图像处理的条形码识别方法研究[D]．天津理工大学学报，2013.

[52] 周杰，卢春雨，张长水，等．人脸自动识别方法综述[J]．电子学报，2002，28（4)：102-106.

[53] 黄席樾，马笑潇．基于遗传算法的神经网络指纹自动分类[J]，重庆大学学报，2001，24（1)：74-77.

[54] 韩涛．基于多重投影的人脸识别系统[D]．天津理工大学学报，2012.

[55] 吴高洪，章毓晋，林行刚．利用小波变换和特征加权进行纹理分割[J]．中国图象图形学报，2001，4（6)：333-337.

[56] 吴高洪，章毓晋，林行刚．分割双纹理图像的最佳 Gabor 滤波器设计方法[J]．电子学报，2001，29（01)：48-50.

[57] 蒋晓悦，赵荣椅，江泽涛．基于 FCM 的无监督纹理分割[J]．计算机研究与发展，2005，42（5)：862-867.

[58] 王海霞．基于不变矩的目标识别算法研究[D]．中国科学院研究生院（长春光学精密机械与物理研究所)，2004.

[59] 罗希平，田捷．自动指纹识别中的图像增强与细节匹配[J]．软件学报，2002，13（5)：946-956.

[60] 田捷，何余良，陈宏，等．一种基于相似度聚类方法的指纹识别算法[J]．中国科学：技术科学，2005，35（2)：186-199.

[61] 赵衍运，蔡安妮．指纹图像质量分析[J]．计算机辅助设计与图形学学报，2006，18（5)：644-650.

[62] 尹义龙，张宏伟，刘宁．基于 Delaunay 三角化的指纹匹配方法[J]．计算机研究与发展，2005，42（9)：1622-1627.

[63] 廖阔，杨万麟．点模式指纹匹配算法研究与实现[J]．电子科技大学学报，2004，33（2)：154-157.

[64] 何军，康景利．条形码的计算机所编码与识别[J]．计算机测量与控制，2002，10（4)：263-266.

[65] 戴扬，于盛林．二维条码编码与译码的计算机实现[J]．数据采集与处理，2003，18（3)：35-36.

[66] 刘宁钟，杨静宇．基于波形分析的二维条码识别[J]．计算机研究与发展，2004，41（3)：463-469.

[67] 刘宁钟，杨静宇．基于傅立叶变换的二维条码识别[J]．中国图象图形学报，2003，8（8)：877-882.

[68] 刘宁钟，杨静宇．基于投影算法的二维条码识别[J]．计算机工程，2002，28（9)：32-33.

[69] 甘岚，刘宁钟．基于亚像素边缘检测的二维条码识别[J]．计算机工程，2003，22（29)：155-157.

[70] 郑河荣，熊丽荣，王天舟．基于 HOUGH 变换的二维条码图像矫正[J]．浙江工业大学学报，2003，31（2)：169-172.

[71] 戴扬，于盛林．基于滤波一还原的二维条码识别投影算法[J]．电子科技大学学报，2005，34（4)：537-540.

[72] 陈丹晖，刘红．条码技术与应用[M]．北京：化学工业出版社，2006.

[73] 中国物品编码中心，中国自动识别技术协会．条码技术基础[M]．武汉：武汉大学出版社，2008.

[74] 中国物品编码中心．二维条码技术与应用[M]．北京：中国质检出版社，2007.

[75] GB 12904～2003，商品条码[S]．北京：中华人民共和国国家质量监督检验检疫局，2003.

[76] 徐益峰，金晅宏，戴曙光．基于 EAN-13 条形码识别的改进算法[J]．计算机与数字工程，2011，39（7)：133-137.

[77] 黄小英．基于图象的条形码识别的算法研究及设计[J]．电子技术，2011，38（5)：21-22.

[78] 张中．汉字识别技术[M]．北京：清华大学出版社，1993.

[79] 张忻中．中国汉字识别技术综论[R]．中国与东方语言计算机处理国际会议特约报告，中国长沙，

1990，78-83.

[80] 张当中．汉字识别技术综述〔J〕．语言文字应用，1997，（2）：77-86.

[81] 倪桂博．印刷体文字识别技术的研究．河北：华北电力大学，2008.

[82] 周长发．精通 Visua1C++图像处理编程（第二版）[M]．北京：电子工业出版社，2004.

[83] 徐中宇．虹膜识别算法的研究[D]．长春：吉林大学，2006.

[84] 古红英．基于统计学习理论的虹膜识别研究[D]．杭州：浙江大学，2004.

[85] 王博凯，基于人体特征信息融合的身份识别方法研究[D]．天津理工大学，2013.

[86] 张仁彦．虹膜身份识别算法研究[D]．哈尔滨工程大学，2006.

[87] 王蕴红，朱勇，谭铁牛．基于虹膜识别的身份鉴别[J]．自动化学报，2002，28（1）：1-10.

[88] 刘元宁．基于指纹与虹膜生物识别技术研究[D]．吉林大学，2004.

[89] 明星．虹膜识别技术中小波变换的应用原理与方法[D]．吉林大学，2006.

[90] 田启川．不完美虹膜的定位分割、特征提取与分类识别[D]．西北工业大学，2005.

[91] 于力．虹膜图像的特征分析研究[D]．哈尔滨工业大学，2006.

[92] 康浩，徐国治．虹膜纹理的相位编码[J]．上海交通大学学报，1999，33（5）：542-544.

[93] 何家峰，廖曙铮，叶虎年等．虹膜定位[J]．中国图象图形学报，2000，5（3）：253-255.

[94] 严民军，汪云九，YANMin-Jun，等．虹膜的计算机识别原理[J]．生物化学与生物物理进展，2000，27（4）：348-350.

[95] 严民军，齐翔林，汪云九．虹膜识别中的一种神经算法的研究[J]．生物物理学报，2000，16（4）：711-717.

[96] 杨淑莹，张桦．群体智能与仿生计算——Matlab 技术实现[M]，北京：电子工业出版社，2012.

[97] 边肇祺，张学工．模式识别（第二版）[M]．北京：清华大学出版社，2000.

[98] 吴高洪，章毓晋，林行刚．利用小波变换和特征加权进行纹理分割[J]．中国图象图形学报，2001，4（6）：333-337.

[99] S.Y. Chen, "Kalman Filter for Robot Vision: a Survey", IEEE Transactions on Industrial Electronics, Vol. 59, No.11, 2012, pp. 4409 - 4420.

[100] S.Y. Chen, J.H. Zhang, Y.F. Li, J.W. Zhang, "A Hierarchical Model Incorporating Segmented Regions and Pixel Descriptors for Video Background Subtraction", IEEE Transactions on Industrial Informatics, Vol. 8, No. 1, Feb. 2012, pp. 118-127.

[101] S.Y. Chen, Y.F. Li, J.W. Zhang, "Vision Processing for Realtime 3D Data Acquisition Based on Coded Structured Light", IEEE Transactions on Image Processing, Vol. 17, No. 2, Feb. 2008, pp. 167-176.

[102] W. Sheng, S.Y. Chen, M. Fairhurst, G. Xiao, J. Mao, "Multilocal Search and Adaptive Niching Based Memetic Algorithm With a Consensus Criterion for Data Clustering", IEEE Transactions on Evolutionary Computation, Vol. 18, No. 5, 2014, pp. 721 - 741.

[103] Honghai Liu, S.Y. Chen, Naoyuki Kubota, "Intelligent Video Systems and Analytics: a Survey", IEEE Transactions on Industrial Informatics, Vol. 9, No. 3, 2013, pp. 1222-1233.

[104] 张剑华，邹祎杰，高强，等．相差显微图像下的癌细胞状态检测[J]．计算机科学，2016，43（5）：298-303.